Oldenbourgs Steuerfachbücher

Grundlagen der betrieblichen Steuerplanung

mit STPLAN für Windows

Buch mit Diskette

Von
Diplom-Kaufmann
Georg Hauer
Universität Regensburg
Institut für Betriebswirtschaftslehre

R. Oldenbourg Verlag München Wien

Die Deutsche Bibliothek – CIP-Einheitsaufnahme

Hauer, Georg:
Grundlagen der betrieblichen Steuerplanung : mit STPLAN für Windows ; Buch mit Diskette / von Georg Hauer. – München ; Wien : Oldenbourg, 1993
ISBN 3-486-22555-3

Gesamtherstellung: Huber KG, Dießen

ISBN 3-486-22555-3

VORWORT

Die betriebliche Steuerbelastung ist besonders in den letzten Jahren im Zusammenhang mit der Diskussion um den Wirtschaftsstandort Bundesrepublik Deutschland in den Mittelpunkt des Interesses gerückt.

Die hierbei geforderte Ableitung, Berechnung und Auswertung von Steuerplanungskalkülen erweist sich in der Praxis allerdings als sehr komplex. Das vorliegende Buch will Hilfestellung bei der Lösung dieser Probleme bieten.

Nach den Grundlagen der betrieblichen Steuerplanung wird das zugrundeliegende Steuerplanungskalkül, welches im beiliegenden Softwareprogamm STPLAN für Windows implementiert ist, vorgestellt. Den Abschluß bilden zwei Fallstudien zur betrieblichen Steuerplanung.

Das Planungsmodell bezieht neben der betrieblichen Sphäre mit den beiden grundlegenden Rechtsformen Kapital- und Personengesellschaft auch die Gesellschafterebene ein. Die wichtigsten Steuerarten, also die Vermögen-, die Gewerbekapital-, die Gewerbeertrag-, die Körperschaft- und die Einkommensteuer, sind im Planungsmodell integriert.

Neben der Ermittlung der exakten Steuerbelastung sollen auch die Wirkungen der einzelnen Steuerarten auf betriebswirtschaftliche Größen sichtbar gemacht werden. Durch die Anwendung der Teilsteuerrechnung kann die bei der herkömmlichen Veranlagungssimulation fehlende unmittelbare Zuordnung der Steuerzahlung zu betriebswirtschaftlichen Planungsparametern beseitigt werden. Bei der in STPLAN verwendeten Weiterentwicklung zur kombinierten Steuerträger-Steuerartenrechnung wird der Teilsteuerbetrag der entsprechenden Größe und - zusätzlich zur weiteren Detaillierung - eine Aufgliederung der Belastungskomponenten auf die verschiedenen Steuerarten ausgegeben. Die Kombination dieser Informationen (Steuerträger- und Steuerartenbetrachtung) ermöglicht eine umfassende Beurteilung des Steuergestaltungsspielraums.

Der Einsatz eines Computerprogramms beschleunigt die Berechnungen und führt damit schneller zu Ergebnissen. STPLAN für Windows arbeitet unter der weit verbreiteten graphischen Oberfläche Windows. Die einheitliche, mausgestützte Benutzerführung in Windowsprogrammen erleichtert deren Anwendung.

Das Buch richtet sich in erster Linie an Praktiker mit entsprechenden steuerlichen Grundkenntnissen und Studenten der Betriebswirtschaftslehre, insbesondere der Betrieblichen Steuerlehre, im Hauptstudium.

STPLAN für Windows wurde von der Akademischen Software Kooperation als beste Lehrsoftware im Bereich Wirtschaftswissenschaft mit dem Deutsch-Österreichischen Hochschul-Software-Preis 1992 ausgezeichnet.

Bedanken möchte ich mich posthum bei Prof. Dr. Gerd John †, an dessen Lehrstuhl für betriebswirtschaftliche Steuerlehre der Universität Regensburg ich die erste Version des Programms entwickeln konnte. Ebenso danke ich Herrn Dr. Wilhelm Schneider für eine Reihe wertvoller Anregungen bei der Konzeption der Urversion. Nicht zuletzt danke ich auch Herrn Prof. Dr. Kurt Bohr, der es mir während meiner Tätigkeit als Assistent an seinem Lehrstuhl an der Universität Regensburg ermöglichte, die vorliegende Windowsversion weiterzuentwickeln.

Georg Hauer

INHALT

Abbildungsverzeichnis

ABKÜRZUNGS- UND SYMBOLVERZEICHNIS

A	Gewinnausschüttung
A56	Ausschüttungen, verrechnet mit ungemildert belastetem verwendbaren Eigenkapital
A36	Ausschüttungen, verrechnet mit ermäßigt belastetem verwendbaren Eigenkapital
A0	Ausschüttungen, verrechnet mit unbelastetem verwendbaren Eigenkapital
Aufl.	Auflage
BB	Der Betriebs-Berater
BewG	Bewertungsgesetz
BFuP	Betriebswirtschaftliche Forschung und Praxis
Bi	Inhabereigenes Betriebsvermögen
BMGL	Bemessungsgrundlage(n)
Bu	Unternehmenseigenes Betriebsvermögen
bzw.	beziehungsweise
DB	Der Betrieb
DBW	Die Betriebswirtschaft
d.h.	das heißt
DStR	Deutsches Steuerrecht
DSWR	Datenverarbeitung Steuer Wirtschaft Recht; Zeitschrift für Praxisorganisation, Betriebswirtschaft und Elektronische Datenverarbeitung
EDV	Elektronische Datenverarbeitung
EinkGrSatz	Grenz-Einkommensteuersatz
EinkStSumme	Einkommensteuerbelastung
EinStSatz	Einkommensteuersatz
EK50	verwendbares Eigenkapital mit 50 % KST belastet
EK36	verwendbares Eigenkapital mit 36 % KST belastet
EK0	verwendbares Eigenkapital, unbelastet
EST	Einkommensteuerbelastung
EStG	Einkommensteuergesetz
etc.	et cetera
Fe	Einkommensteuerlicher Freibetrag
Fge	Gewerbeertragsteuerlicher Freibetrag
Fgk	Gewerbekapitalsteuerlicher Freibetrag
FkBV	Vermögensteuerlicher Freibetrag der Kapitalgesellschaft für Betriebsvermögen gemäß § 117a I BewG

FpBV	Vermögensteuerlicher Freibetrag in Einzelunternehmen und Personengesellschaften für Betriebsvermögen gemäß § 117a I BewG
Ft	Tariflicher einkommensteuerlicher Freibetrag
Fv	Vermögensteuerlicher Freibetrag für natürliche Personen
GewEST	Gewerbeertragsteuerbelastung
GewKST	Gewerbekapitalsteuerbelastung
GewStG	Gewerbesteuergesetz
GmbH	Gesellschaft mit beschränkter Haftung
HwSTR	Handwörterbuch des Steuerrechts und der Steuerwissenschaft
i	Kalkulationszinsfuß
i_S	Kalkulationszinsfuß nach Steuern
j	Periodenlaufindex
JÜ	Jahresüberschuß (JÜ I, JÜ II)
KiStSumme	Kirchensteuerbelastung
KST	Köperschaftsteuer (KST I, KST II)
KStG	Körperschaftsteuergesetz
KStR	Körperschaftsteuerrichtlinien
L	Angemessene Leistungsvergütungen an die Gesellschafter
Ma	Anteilswertmodifikationen
Mbi	Bewertungsrechtliche Modifikationen zu Bi
Mbu	Bewertungsrechtliche Modifikationen zu Bu
Me	Bilanzsteuerliche (einkommensteuerliche) Modifikationen
Mge	Gewerbeertragsteuerliche Modifikationen
Mgki	Gewerbekapitalsteuerliche Modifikationen zu Bi
Mgku	Gewerbekapitalsteuerliche Modifikationen zu Bu
Mk	Körperschaftsteuerliche Modifikationen
Mvi	Vermögensteuerliche Modifikation zu Bi
Mvu	Vermögensteuerliche Modifikation zu Bu
OHG	Offene Handelsgesellschaft
o.J.	ohne Jahresangabe
PC	Personal-Computer
q^t	Diskontierungsfaktor der Periode t
R	Reinertrag gemäß Handelsbilanz vor Abzug der in die Berechnung einbezogenen Steuern und vor Abzug von Leistungsvergütungen an die Gesellschafter
r	Anlagerendite, Alternativertragsatz
SA	Teilsteuerbetrag bezogen auf A
SA50	Teilsteuerbetrag bezogen auf A50
SA36	Teilsteuerbetrag bezogen auf A36

SA0	Teilsteuerbetrag bezogen auf A0
SBi	Teilsteuerbetrag bezogen auf Bi
SBu	Teilsteuerbetrag bezogen auf Bu
SFe	Teilsteuerbetrag bezogen auf Fe
SFge	Teilsteuerbetrag bezogen auf Fge
SFgk	Teilsteuerbetrag bezogen auf Fgk
SFkBV	Teilsteuerbetrag bezogen auf FkBV
SFpBV	Teilsteuerbetrag bezogen auf FpBV
SFt	Teilsteuerbetrag bezogen auf Ft
SFv	Teilsteuerbetrag bezogen auf Fv
se, s_e	Kombinierter Einkommen- und Kirchensteuerfaktor
sek	Einkommensteuersatz
s^{er}	Ertragsteuersatz
sge, s_{ge}	Gewerbeertragsteuerfaktor
sgk, s_{gk}	Gewerbekaptialsteuerfaktor
ska, s_{ka}	Ausschüttungssteuersatz der Körperschaftsteuer, bezogen auf A
ski	Kirchensteuersatz
skn, s_{kn}	Körperschaftsteuersatz (Tarifbelastung)
SL	Teilsteuerbetrag bezogen auf L
SMa	Teilsteuerbetrag bezogen auf Ma
SMbi	Teilsteuerbetrag bezogen auf Mbi
SMbu	Teilsteuerbetrag bezogen auf Mbu
SMe	Teilsteuerbetrag bezogen auf Me
SMge	Teilsteuerbetrag bezogen auf Mge
SMgki	Teilsteuerbetrag bezogen auf Mgki
SMgku	Teilsteuerbetrag bezogen auf Mgku
SMk	Teilsteuerbetrag bezogen auf Mk
SMvi	Teilsteuerbetrag bezogen auf Mvi
SMvu	Teilsteuerbetrag bezogen auf Mvu
SR	Teilsteuerbetrag bezogen auf R
s^S	Substanzsteuersatz
sv, s_v	Vermögensteuersatz für juristische Personen
svg	Grenzsteuersatz der Vermögensteuer auf Betriebsvermögen für juristische Personen
svn, s_{vn}	Vermögensteuersatz für natürliche Personen
svng	Grenzsteuersatz der Vermögensteuer auf Betriebsvermögen für natürliche Personen
StB	Der Steuerberater
StuW	Steuer und Wirtschaft

t	Periode
u.U.	unter Umständen
vgl.	vergleiche
VST	Vermögensteuerbelastung
VStG	Vermögensteuergesetz
WiSt	Wirtschaftswissenschaftliches Studium
WISU	Das Wirtschaftsstudium
z.B.	zum Beispiel
ZfB	Zeitschrift für Betriebswirtschaft
ZfbF	Zeitschrift für betriebswirtschaftliche Forschung
zuverEink	zu versteuerndes Einkommen

1. Das Problem der Steuerplanung aus betriebswirtschaftlicher Sicht

Die Steuerberatungspraxis ist von einem Funktionswandel gekennzeichnet. Die Beratungsleistung verlagert sich in Richtung Steuergestaltungsempfehlung. Der Berater unterstützt hierbei die Mandanten bei der steuerlichen Planung. Zunächst wird das Problem der betrieblichen Steuerplanung aus betriebswirtschaftlicher Sicht analysiert.

1.1 Steuerplanung

1.1.1 Planung

Planung hat die Gestaltung der Zukunft zum Ziel. Probleme werden durch rationales Erarbeiten der Struktur, Durchdenken des Problems und Ausarbeitung von Lösungsalternativen aufbereitet.[1] Die Wirkungen der Ergebnisse sind miteinzubeziehen.

Zusammenfassend ist Planung als systematisch-methodischer Prozeß der Erkenntnisgewinnung und der Lösung von Zukunftsproblemen zu bezeichnen.

Die wichtigsten Merkmale von Planung sind:[2]

- Zukunftsbezogenheit
- Rationalität
- Problembezogenheit
- Gestaltungscharakter

1.1.2 Steuerplanung

Für einen Betrieb stellt die Steuerbelastung einen erheblichen Einflußfaktor im finanziellen Bereich dar.[3] Die Steuerberatung versucht dem, durch die Steuergestaltungsberatung, Rechnung zu tragen. Sie unterstützt den Betrieb in der steuerlichen Planung. Es bleibt zu klären was der Begriff "Steuerplanung" umfaßt.

1.1.2.1 Definition von Steuerplanung

Grundsätzlich gibt es zwei Möglichkeiten der Definition des Begriffs "Steuerplanung".

1. Die enge Definition umfaßt nur die zielorientierte Beeinflussung der Steuern. Sie wird deshalb auch als relativ-autonome Steuerplanung bezeichnet.
2. In der weiten Begriffsfassung werden noch zusätzlich die Einflüsse der Besteuerung auf unternehmerische Handlungen mit einbezogen. Hierbei handelt es sich um betriebswirtschaftliche Planung unter Einbeziehung von Steuer-

[1]) vgl. Wild (1974), S. 13-14; Eisenach (1974), S. 12-13; Kratz (1986) S. 15-16.
[2]) vgl. Wild (1974) S. 13-14; Kratz (1986), S. 16.

wirkungen. Das bedeutet nicht, daß jede Planungsaktivität, die steuerliche Konsequenzen beinhaltet, der Steuerplanung zuzuordnen ist, sondern daß bei der Planung nichtsteuerlicher Teilbereiche unter anderem auch die steuerlichen Konsequenzen Einfluß haben sollten. Dies wird als nicht-autonome Steuerplanung bezeichnet.[4]

1.1.2.2 Ausprägungen der Steuerplanung

Entscheidendes Merkmal zur Differenzierung von Steuerplanung ist die Planungsdimension.

Hierbei können fünf Fallgruppen unterschieden werden:

1. laufende oder fallweise Steuerplanung
2. strategische oder taktische Steuerplanung
3. steuerliche Partialplanung oder Gesamtplanung unter Berücksichtigung der Steuern
4. Grob- oder Feinplanung
5. Steuerplanung vor oder nach der Durchführung der Entscheidung

1.2 Bereiche der Steuerplanung

Im Sinne einer weiten Begriffsdefinition von Steuerplanung können zahlreiche Bereiche angeführt werden, in denen Entscheidungen durch - oder auch durch - Steuern beeinflußt werden.

Vor allem trifft dies für die Bilanzpolitik zu. Durch Ansatz- bzw. Bewertungswahlrechte wird die Steuerbelastung beeinflußt.[5] Ein Steuerplanungsmodell soll die Wirkungen der verschiedenen Alternativen aufzeigen.

Weitere Bereiche sind die Standortwahl, die Rechtsformwahl, die Finanzierungs- und Investitionsentscheidungen. Es handelt sich hier um keine abschließende Aufzählung von Bereichen in denen Steuerplanungsüberlegungen zumindest mit eine Rolle spielen.[6]

Bei betriebswirtschaftlichen Entscheidungen sind, sofern von ihnen steuerliche Wirkungen ausgehen, Steuern zu berücksichtigen. Zur Unterstützung dieser Entscheidungen sind Steuerplanungsrechnungen notwendig.[7]

---

3) vgl. Heigl/Melcher (1974), S.1.
4) vgl. Marettek (1980), S.14.
5) vgl. Wagner/Dirrigl (1980), S. 277.
6) vgl. hierzu auch Wöhe/John (1980), S. 1-97; sowie die Einteilung bei Wöhe (1985), S. 587; vgl. auch die Aufzählung von konkreten Steuerplanungskalkülen bei Jacobs (1984), S. 4-8.
7) vgl. Anforderungsprofil des Steuerberaters S.12.

1.3 Steuerliche Entscheidung

1.3.1 Phasen der steuerlichen Entscheidung

Bei der Willensbildung im Bereich steuerlicher Entscheidungen werden folgende sechs Phasen angeführt:[8]

1. Problemstellungsphase
   Erkennen des steuerlichen Entscheidungsproblems
2. Suchphase
   Ermittlung von Handlungsalternativen
3. Beurteilungsphase
   Bewertung der Wirkung dieser Möglichkeiten
4. Entscheidungsphase
   Festlegung der "optimalen" Alternative
5. Realisationsphase
   Durchführung der gewählten Handlungsmöglichkeit
6. Kontrollphase
   Überprüfung der eingetretenen Wirkung mit der geplanten Wirkung sowie Suche nach den Ursachen einer eventuellen Abweichung.

Für die Entwicklung eines Steuerplanungsmodells sind besonders die Such-, die Beurteilungs- und die Entscheidungsphase von Bedeutung.

Diese strenge Aufteilung unterliegt aber Interdependenzen. So können sich in der Beurteilungsphase, bei der Analyse einer Alternative, Ansatzpunkte für neue Handlungsalternativen ergeben.

1.3.2 Zentrale Aufgaben der Steuerplanung

Die Such-, Beurteilungs- und Entscheidungsphase kennzeichnen zugleich die zentralen Aufgaben der Steuerplanung und damit des Programms STPLAN für Windows.

Unter der Voraussetzung gegebener Zielstruktur und gegebener Ausgangssituation können die zentralen Aufgaben der Steuerplanung folgendermaßen spezifiziert werden:

1. Steuerlastprognose

   Durch die Steuerlastprognose werden die steuerlichen Wirkungen der betrachteten Altenative bezüglich der Zielvorstellung ermittelt.

---

8) vgl. Siegel (1982), S.78.

2. Steuerlastanalyse

   Die Zielwirkungen sind zu analysieren. Hierbei können sich Anregungen für neue und somit noch nicht betrachtete Alternativen ergeben.

3. Steuerlastoptimierung

   Die letzte zentrale Aufgabe der Steuerplanung liegt in der Wahl der "optimalen" Handlungsalternative.

1.3.2.1 Aufgabe der Steuerlastprognose

Steuerwirkungen können wegen der Komplexität des deutschen Steuersystems nicht durch betriebswirtschaftliche Prognoseverfahren ermittelt werden. Konventionelle betriebswirtschaftliche Prognoseverfahren extrapolieren Vergangenheitswerte. Das Umweltdatum Steuersystem ist jedoch zu komplex, so daß der Einsatz dieser Verfahren nur unter starker Vereinfachung steuerlicher Beziehungen möglich ist.[9] Dies widerspricht jedoch dem Postulat der Exaktheit der Steuerplanung.

Steuerplanungsmodelle müssen diese Schwierigkeiten in der Steuerlastprognose überwinden. Hauptbestandteil der Steuerlastprognose ist die Umsetzung von steuerlichen und nichtsteuerlichen Aktionsparametern des Entscheidungsfelds in steuerliche Wirkungen.[10]

Sie ist ihrerseits in drei Phasen untergliedert:

1. Subsumtion des zu beurteilenden betriebswirtschaftlichen Sachverhalts unter steuerrechtlichen Aspekten und die Bestimmung von Bemessungsgrundlagen
2. Wertermittlung der Bemessungsgrundlagen
3. Berechnung der Steuerbelastung

1.3.2.2 Aufgabe der Steuerlastanalyse

Von der Analyse der Steuerwirkungen einer Handlungsalternative können Anregungen zur Gestaltung von weiteren Möglichkeiten ausgehen. Zur Erfüllung dieser Aufgabe ist die Beachtung des Postulats der Aussagekraft[11] notwendig.

Von entscheidender Bedeutung für die Steuerlastanalyse ist die Möglichkeit der Analyse der Wirkungen. Steuerliche Größen (Bemessungsgrundlagen) stimmen nicht immer mit den Aktionsparametern des Entscheidungsfeldes überein. Eine Aufbereitung der Ergebnisse ist deshalb wünschenswert.

---

9) vgl. Jung (1984), S. 49-50, S. 89.
10) vgl. Federmann (1980), S. 1653.
11) vgl. Rose (1973), S. 54.

1.3.2.3 Aufgabe der Steuerlastoptimierung

Aufgabe der Steuerlastoptimierung ist die Auswahl der "besten" Alternative.

Bei den Optimierungsüberlegungen ist jedoch zu beachten, daß sich unter Umständen die Zielsetzung, vor allem in der nicht-autonomen Steuerplanung, nicht in erster Linie an steuerlichen Zielen ausrichtet.

1.4 Die betriebswirtschaftlich relevanten Eigenschaften des Steuersystems

Neben den Problemen der betriebswirtschaftlichen Planung sind in der Steuerplanung auch die betriebswirtschaftlich relevanten Eigenschaften des Steuersystems zu berücksichtigen. Die Umsetzung der Aktionsparameter des Entscheidungsfeldes in steuerliche Zielwirkungen wird vom Umweltdatum Steuersystem maßgeblich beeinflußt. Aus diesem Grund erscheint eine genauere Betrachtung dieses Umweltdatums angebracht.

Folgender Katalog beschreibt die betriebswirtschaftlich bedeutenden Eigenschaften des Steuersystems.[12]

1. Allgemeine Eigenschaften des Steuersystems mit unmittelbarer betriebswirtschaftlicher Relevanz
   - Vielfalt der Steuerarten
   - Dependenzen und Interdepenzen der verschiedenen Steuerarten
2. Spezielle betriebskonstitutionsbezogene Eigenschaften
   - kommunale, regionale und Standortabhängigkeit der Besteuerung
   - Trägerbezogenheit der Besteuerung
     Die Steuerpflicht kann in der Trägerperson und nicht im Betrieb begründet sein. Die Merkmale der Trägerperson sind dann von Bedeutung.
   - Betriebsbezogenheit der Besteuerung
     Hierbei können
     - die Rechtsform
     - die Rechtsorganisation
     - die Sachziele
     - die Formalziele
     - die Betriebsgröße
     eine Rolle spielen.

---

12) vgl. Rose (1983), S. 85-107; Rose (1982), S. 228-234; Rose (1992b), S. 3-14; hierzu auch Schneider D. (1985), S. 68-70; Storz (1984) S. 27-28.

3. Spezielle prozeß- und terminbezogene Eigenschaften

Betriebliche Prozesse (z.B. Investitions- bzw. Finanzierungsentscheidungen) lösen steuerliche Konsequenzen aus. Eine exakte Bestimmung dieser Konsequenzen ist jedoch nur bei Kenntnis der konstitutiven Merkmale des Unternehmens bzw. der Prozesse sowie des Zeitpunkts möglich.

4. Wertungsabhängigkeit der Besteuerung

- Beurteilungsabhängigkeit der Besteuerung
  Unterschiedliche Personen (Steuerpflichtiger, Steuerberater, Finanzbeamter etc.) beurteilen einen Steuersachverhalt.
- Optionsabhängigkeit der Besteuerung
- Rechtsformwahl
- rechnungspolitische Wahlrechte
- Deklarationsabhängikeit der Besteuerung

5. Ungewißheit der Besteuerung

Hier werden nur spezifisch steuerliche Ungewißheiten behandelt.

- Phänomen der steuerlichen Ungewißheit

Bis zur abschließenden Beurteilung bereits realisierter Projekte verstreichen oft Jahre.

- Ursachen der Ungewißheit sind:
  - die Komplexität der Materie
  - die Unbestimmtheit der Steuerplanung und
  - die Unbeständigkeit der Normen und deren Interpretation
- Dimensionen der Ungewißheit

Man unterscheidet zwischen

- eingrenzbarer Ungewißheit
  Die unterschiedlichen Meinungen bezüglich des steuerlichen Sachverhalts sind bekannt. Eine Bandbreite der möglichen Ergebnisse kann angegeben werden.
- uneingrenzbarer Ungewißheit.
  Sie entsteht durch "Rechtsprünge" der Legislative bzw. Judikative.

6. Besondere Probleme der Periodeninteraktionen

Bei mehrperiodischen Steuerplanungskalkülen ergeben sich weitere Problemfelder.[13]

Dies sind:

- Eigenkapitalfortschreibung, um die Wirkungen von Ausschüttungen (§ 27 KStG) quantifiziern zu können.
- Vergleichbarmachung von Zahlungen in verschiedenen Perioden durch Auf- bzw. Abzinsung unter Beachtung der steuerlichen Wirkung dieser Zinsen.
- eventuell Möglichkeit der interperiodischen Verlustverrechnung.

---

13) vgl. Storz (1984), S. 27-28.

2. Anforderungen an ein Steuerplanungsmodell

2.1 *Anforderungskatalog*

Ausgehend von den Aufgaben der Steuerplanung und unter Berücksichtigung der betriebswirtschaftlich relevanten Eigenschaften des Steuersystems wird im folgenden ein Anforderungskatalog für ein Steuerplanungsmodell entwickelt.

Die Beurteilung dieses Modells erfolgt vornehmlich an den Kriterien Exaktheit, Operationalität sowie Aussagekraft.[14] Bei der Formulierung des Anforderungskataloges sind auch diese Aspekte zu berücksichtigen.

2.1.1 Anforderungen zur Erfüllung der Steuerlastprognose

2.1.1.1 Phase der Subsumtion

Die Phase der Subsumtion und Ermittlung von Aktionsparametern wird meist dem Gebiet des Steuerrechts zugeordnet.[15]

Die Vielfalt und Heterogenität von Steuerplanungsproblemen verhindert die Formulierung einer einheitlichen Zielvorstellung. Als Aktionsparameter kommen nur solche in Betracht, die zumindest auf eine Zielgröße Einfluß haben.[16] Die Subsumtion muß demnach einzelfallbezogen durchgeführt werden. Die gefundenen Parameter sind noch in steuerliche Bemessungsgrundlagen zu transformieren.[17]

Diese Phase muß der Anwender weitgehend eigenständig vollziehen. Die angebotenen Bemessungsgrundlagen haben lediglich Checklistenfunktion.

2.1.1.2 Wertermittlung

Die gefundenen relevanten Bemessungsgrundlagen sind noch zu quantifizieren. Der Anwender muß auch diesen Arbeitsschritt weitgehend eigenständig ausführen. Anhaltspunkt ist die Beschreibung der Zusammensetzung der Bemessungsgrundlagen aus den einzelnen Parametern des realen Entscheidungsproblems. Die Werte der Aktionsparameter sind durch Anwendung von Prognose- bzw. Schätzverfahren zu ermitteln.

2.1.1.3 Berechnung der Steuerbelastung

Diese Phase der Steuerlastprognose stellt den Schwerpunkt des vorliegenden Steuerplanungsmodells dar.

---

14) vgl. Rose (1973), S. 54.
15) vgl. Jung (1984), S. 90.
16) vgl. Saliger (1988), S. 4.
17) vgl. Wagner (1984), S. 203; Rose (1978) S. 262.

Bei der Beurteilung spielt besonders das Kriterium der Exaktheit[18] eine zentrale Rolle. Die Formulierung der Anforderungen stützt sich aus diesem Grund auch weitgehend auf die betriebswirtschaftlich relevanten Eigenschaften des Steuersystems.

Der Anforderungskatalog läßt sich wie folgt präzisieren:

1. Berücksichtigung der entscheidungsrelevanten Steuerarten einschließlich ihrer Interdependenzen.

2. Berücksichtigung der Standortabhängigkeit der Besteuerung.
   Kommunale und regionale Unterschiede sollten berücksichtigt werden können.

3. Berücksichtigung der Trägerbezogenheit der Besteuerung.
   Neben der Berücksichtung der Trägereigenschaft, sollten auch Darstellungen unter den Blickwinkeln der verschieden Beteiligten möglich sein.

4. Berücksichtigung der Betriebsbezogenheit der Besteuerung
   Unterschiedliche Rechtsformen, -organisationen, Sach- und Formalziele sollten abbildbar sein.

5. Berücksichtigung von prozeß- und terminbezogenen Eigenschaften.
   Durch eine Zweifach-Rechnung, d.h. vor und nach Verwirklichung des Projekts, können Differenzgrößen ermittelt werden.[19] Alternativ sollte auch die Darstellung einzelner Prozesse in Grenzbetrachtungsweise möglich sein.

6. Berücksichtigung der Wertungsabhängigkeit der Besteuerung
   Hier steht besonders die Optionsabhängigkeit der Steuerlast im Vordergrund. Neben der Rechtsformwahl sollten auch unterschiedliche bilanzpolitische Wahlrechte abgebildet werden können.

7. Berücksichtung von Ungewißheit
   Die Unsicherheit der steuerlichen Rechtslage und der wirtschaftlichen Ergebnisse (Bemessungsgrundlagen) sollte berücksichtigt werden können.[20]

8. Berücksichtung der besonderen Anforderungen an ein mehrperiodisches Steuerplanungsmodell.

2.1.2 Anforderungen aus dem Kriterium der Operationalität

Die für Steuerplanungsmodelle notwendigen Informationen müssen beschafft werden. Dies verursacht Kosten, die möglichst gering zu halten sind. Der Umfang der benötigten Informationen ist vom Detailierungsgrad abhängig. Auch die Anwenderfreundlichkeit des Steuerplanungsmodells wird vom Detailierungsgrad beeinflußt. Viele Eingabedaten

---

18) vgl. Tischer (1975), S. 40.
19) vgl. Storz (1984), S. 29-30.
20) vgl. hierzu auch Schneider D. (1985), S. 250-252.

verkomplizieren die Anwendung. Um jedoch genaue aussagefähige Daten zu erhalten, ist oft eine beachtliche Anzahl von Parametern notwendig. Die Lösung des Spannungsverhältnisses zwischen den Postulaten Exaktheit und Operationalität liegt in der individuellen Präferenzstruktur des Anwenders.

STPLAN für Windows kann sowohl einfache als auch einen hohen Detailierungsgrad erreichende Steuerplanungsprobleme bearbeiten.

Steuerplanungsmodelle erfordern eine Vielzahl von Berechnungen. Der Einsatz von Computern mit entsprechender Software bietet sich an, da sie in der Lage sind viele Informationen schnell aufzuarbeiten. Das Programm STPLAN für Windows, ermöglicht einem großen Anwenderkreis, jeweils vor Ort schnell Informationen für Steuerplanungsentscheidungen zu gewinnen. Um die Anwendung durch den großen heterogenen Benutzerkreis zu erleichtern, wird das Programm von der grafischen Oberfläche MS-Windows 3 aus gestartet. Die Benutzerführung folgt dem Standard der Windows-Programme und ist somit für einen großen Anwenderkreis schnell nachvollziehber.

2.1.3 Anforderungen an die Steuerlastanalyse unter besonderer Berücksichtigung des Kriteriums der Aussagefähigkeit

Die Steuerlastanalyse dient der Anregung und Kontrolle steuerlicher Entscheidungen. Besondere Bedeutung kommt hierbei dem Beurteilungskriterium Aussagefähigkeit zu.

Im einzelnen ist zu fordern:

1. Die Konsequenzen steuerlicher Entscheidungen sollten aus den Sichtweisen der verschiedenen Entscheidungsträger aufbereitet und darstellt werden können.[21]
2. Die Steuerbelastung ist bezüglich der verschiedenen Steuerarten auszuweisen. Sie ist für eine exakte Finanzplanung wegen der unterschiedlichen Vorauszahlungstermine[22] von Bedeutung. Für die Beurteilung von Rechtsformänderungen oder bei Verhandlungen mit der Gemeinde (Gewerbesteuer) vermitteln sie nützliche Informationen.
3. Darüber hinaus sollten Informationen über die Verteilung der Steuerbelastung auf Steuerträger (Bemessungsgrundlagen) zur Verfügung stehen. Hieraus können Anregungen zur Gestaltung von Entscheidungsalternativen gewonnen werden. In der Kontrollphase liefern sie erste Anhaltspunkte über die Ursache von Abweichungen gegenüber dem geplanten Verlauf.
4. Die Auswertungen sind in übersichtlicher, vollständiger und informativer Form zu gestalten.

---

21) vgl. Storz (1984), S.31; Jung (1984), S. 66.
22) vgl. Mermagen (1984), S. 1153.

2.1.4 Anforderungen an die Steuerlastoptimierung

Hierunter sind Verfahren zu verstehen, die ausgehend von den Ergebnissen der Steuerlastprognose und -analyse, die günstigste Analyse bestimmen.

In der hier vorgestellten Version des Steuerplanungsprogramms geht der Anwender von den Ergebnissen der Steuerlastanalyse aus. Er verändert die Eingabeparamter entsprechend den neuen Ansätzen und startet einen neuen Programmlauf mit den veränderten Daten. Dieses Verfahren wird solange wiederholt, bis sich keine neuen praktikablen Ansätze ergeben. Dem Benutzter liegen dann in der Regel die Auswertungen einer Reihe von Alternativen vor. Aus diesen wird er die vorteilhafteste wählen.

2.2 Modellkonzeptionen der Steuerplanung

Die nachfolgende Betrachtung beschränkt sich auf die Veranlagungssimulation und die Teilsteuerrechnung. Diese beiden Verfahren stellen die grundlegenden Modelle der Steuerplanung dar.

2.2.1 Veranlagungssimulation

Die Veranlagungssimulation versucht die Veranlagung durch das Finanzamt weitgehend nachzubilden.[23] Die Steuerbelastung wird für jede Steuerart gesondert ermittelt.

Die vielfältigen Interdependenzen zwischen den Steuerarten bestimmen die Reihenfolge ihrer Berechnung und implizieren zahlreiche Rechenoperationen. Dies trifft vor allem für mehrperiodische Planungsrechnungen zu.[24]

Der Vorteil dieses Planungsmodells liegt in der erreichten Exaktheit.[25] Durch Computereinsatz wird der Nachteil der aufwendigen Vorgehensweise weitgehend behoben. Die betriebswirtschaftliche Aussagefähigkeit der Ergebnisse ist jedoch, da sie sich an steuerartspezifischen und nicht an ökonomischen Bemessungsgrundlagen orientieren, beschränkt.[26]

2.2.2 Teilsteuerrechnung

Die Teilsteuerrechnung will die fehlende unmittelbare Zuordnung von Steuerwirkungen auf betriebswirtschaftliche Größen, die bei der Veranlagungssimulation bemängelt wurde, beseitigen. In einem Transformationsprozeß werden die steuerlichen Be- und Entlastungen auf betriebswirtschaftliche Untersuchungsgrößen bezogen.[27]

---

23) auch Kasuistische Veranlagungssimulation genannt, vgl. Rose (1973) S. 47; vgl. Jacobs/Brewi/Schubert (1978), S. 73.
24) vgl. Storz (1984), S. 33; Kaeffer (1974), S. 47.
25) vgl. Rose (1973), S.52.
26) vgl Rose (1973), S.54.
27) vgl. Rose (1973); Rose (1978), S.265; Scheffler (1991), S. 69-75; Rose (1992b), S. 38, 42.

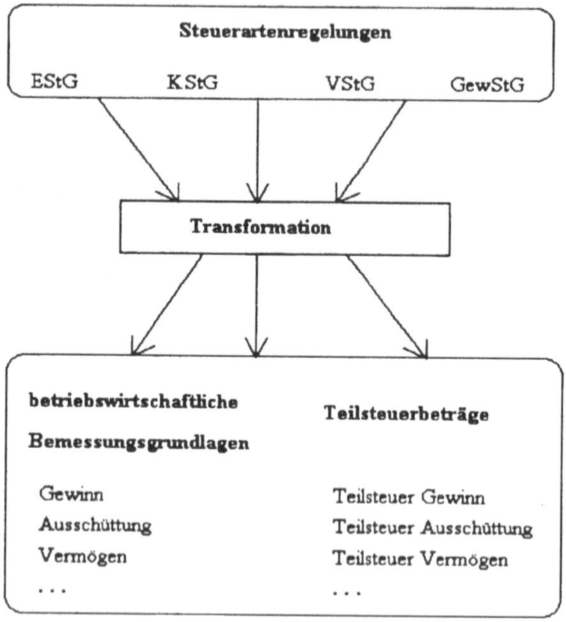

Abb. 1 Teilsteuerrechnung

Rose unterscheidet zwischen Basisgrößen, die den betriebswirtschaftlichen Kern der juristischen Steuerbemessungsgrundlagen darstellen, und Modifikationen, den positiven bzw. negativen Differenzen zwischen Basisgrößen und juristischen Steuerbemessungsgrundlagen.

Zur Berücksichtigung von Freibeträgen gibt es grundsätzlich drei Lösungsmöglichkeiten. Sie können nicht in voller Höhe oder nur insoweit sie nicht bereits bei den nicht-unternehmensbezogenen Einkünften verrechnet wurden, berücksichtigt werden. Für den Fall der Einbeziehung sind sie als selbständige Bemessungsgrundlagenteile , als globale Korrektur der Nettobemessungsgrundlage (anteilige Zurechnung auf deren Elemente) oder über Steuersätze bzw. Multifaktoren anzuführen.[28] STPLAN für Windows verwendet für Freibeträge selbstständige Bemessungsgrundlagen.

Die Teilsteuerrechnung erfüllt fünf wichtige Funktionen. Dies sind die Transformations-, die Erklärungs-, die Checklisten-, die Rechnungserleichterungs- und die Anregungsfunktion.[29] Während die Rechnungserleichterungsfunktion durch Computereinsatz in den Hintergrund gedrängt wurde, sind die restlichen Funktionen nach wie vor gewichtig. Die Bemessungsgrundlagen des Steuersystems werden in betriebswirtschaftliche Größen und Entscheidungsparameter transformiert. Diese Überführung des Steuersystems auf

[28]) vgl. Gaal (1979), S. 92-93.
[29]) vgl. Rose (1979), S. 305-306.

betriebswirtschaftliche Daten und das daraus ergebende Aufzeigen der Zusammenhänge gibt Anregungen zur Analyse der Ergebnisse.

Kritik an der Teilsteuerrechnung

1. Die Teilsteuerrechnung setzt proportionale Tarife voraus. Für natürliche Personen ergeben sich daraus im progressiven Bereich der Einkommensteuer Schwierigkeiten. Ein Lösungsversuch ist die Verwendung mehrerer Spalten mit unterschiedlichen Einzel-Steuersätzen. Nach einer groben Abschätzung des wahrscheinlichen Einkommensbereiches wird eine der angeboten Spalten ausgewählt. Dieses Verfahren ist bei wenigen zusätzlichen Spalten praktikabel. Allerdings stellt es lediglich eine Annäherung an das exakte Ergebnis dar, da das zu versteuernde Einkommen nur grob abgeschätzt wird und die Tabellierung nur wenige Einkommensteuerbereiche exakt erfaßt.

   Prinzipiell kann eine exakte Teilsteuerrechnung auch im Progressionsbereich durchgeführt werden. Hier muß jedoch vorab eine Steuerartenrechnung geschaltet sein. Zur Berechnung des zu versteuernden Einkommens und des Einkommensteuersatzes ist die Kenntnis der Höhe der Gewerbesteuerschuld notwendig. Veränderungen einer oder mehrerer Bemessunggrundlagen, die das zu versteuernde Einkommen beeinflußen, erfordern eine komplette Neurechnung.

2. Der Ausweis der Gesamtbelastung pro Bemessungsgrundlage ist oft nicht ausreichend. Für Steuerplanungsüberlegungen kann auch der Ausweis von steuerartbezogenen Steuerbelastungen interessant sein.[30]

3. Viele Steuerplanungsüberlegungen gebieten mehrperiodische Betrachtungen. Eisenach[31] dynamisierte die Teilsteuerrechnung mit Hilfe der Kapitalwertbetrachtung. In der dynamischen Teilsteuerrechung sind neben den zeitlich-horizontalen Abhängigkeiten des statischen Modells auch zeitlich-vertikale Interdependenzen der dynamischen Version zu berücksichtigen. Eine Systematisierung der Ausprägungen ist nicht möglich. Sie sind vielmehr vom Einzelfall abhängig.

---

30) vgl. Storz (1984), S. 36.
31) vgl. Eisenach (1974)

2.3 *Konzeption des Steuerplanungsmodells "STPLAN für Windows"*

2.3.1 Kombinierte Steuerarten- und Steuerträgerrechnung

Das Steuerplanungsmodell wurde auf Basis der kombinierten Steuerarten- und Steuerträgerrechnung konzipiert. Ein früher Hinweis auf diese Verfahrensweise findet sich bereits bei Kaeffer.[32]

Die Teilsteuerartenrechnung unterläßt die Addition der Grundgleichungen der einzelnen Steuerarten zu einer Gesamtbelastungsgleichung. Die Faktoren werden für jede Steuerart getrennt, aber noch immer auf Bemessungsgrundlagen bezogen, ausgewiesen. Es ist damit möglich, die Steuerbelastung je Bemessungsgrundlage und je Steuerart anzugeben. Durch Addition der Teilkomponenten kann außerdem jeweils die (Gesamt-) Steuerbelastung, bezogen auf die Bemessungsgrundlage (Steuerträger) bzw. auf die Steuerart, ausgewiesen werden. Der Grad der Transparenz der Steuerbelastung des Unternehmens wird somit erhöht.

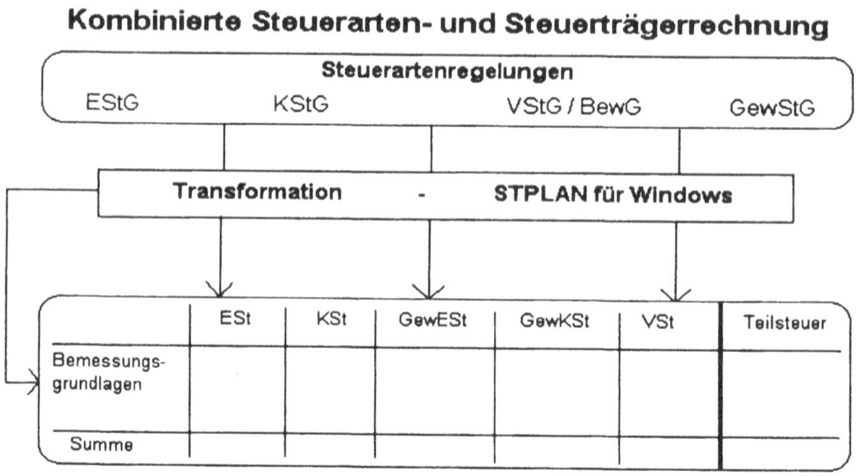

Abb. 2 Kombinierte Steuerarten- Steuerträgerrechnung

---

32) vgl. Kaeffer (1974), S. 53 und Heinhold (1979), S. 132-134; auch Teilsteuerartenrechnung genannt, Mermagen (1984), S. 1153; mit Hilfe von Matrizen: Eggesiecker/Ruhl (1980), S. 167-171.

2.3.2 Einbezogene Steuerarten und Beteiligte

Das Planungsmodell soll außer dem Ausweis der Gesellschaftssphäre auch Einbeziehung der Gesellschaftersphäre ermöglichen.

Bei Personengesellschaften ist die Beachtung der Inhabersphäre unumgänglich, da die Einkommensteuer und Vermögensteuer an die Person des Inhabers (Mitunternehmers) anknüpfen. Die Inhabersphäre ist auch bei personenbezogenen Kapitalgesellschaften zu beachten. Schwieriger gestaltet sich die Situation bei Publikumsgesellschaften. Heinhold verneint für diese den Einfluß der Verhältnisse der Aktionäre auf die betriebliche Steuerplanung.[33] Das Programm ermöglicht beide Arten von Steuerplanungskalkülen. Es können bis zu fünf Gesellschafter[34] einbezogen werden. Die betrachtete Inhabersphäre ist allerdings auf unternehmensbezogene Steuerlasten begrenzt.

Bei den einbezogenen Steuerarten wird zwischen Steuerarten der betrieblichen und der privaten Sphäre unterschieden:

***Kapitalgesellschaft und ihre Gesellschafter*:**

betriebliche Sphäre

- Vermögensteuer (der Kapitalgesellschaft)
- Gewerbekapitalsteuer
- Gewerbeertragsteuer
- Körperschaftsteuer

private Sphäre

- Vermögensteuer (der Gesellschafter)
- Körperschaftsteueranrechnung (explizit ausgewiesen)
- Einkommen- und Kirchensteuer

Personengesellschaft und ihre Gesellschafter

betriebliche Sphäre

- Gewerbekapitalsteuer
- Gewerbeertragsteuer

private Sphäre

- Vermögensteuer
- Einkommen- und Kirchensteuer

---

33) vgl. Heinhold (1979), S.174.

34) Die Begriffe Gesellschafter und Mitunternehmer werden in dieser Arbeit synoym verwendet. Hierbei wird unterstellt, daß die Gesellschafter einer Personengesellschaft zugleich Mitunternehmer sind sowie keine Mitunternehmer beteiligt sind, die nicht zugleich Gesellschafter sind.

2.3.3 Berücksichtigung unterschiedlicher Sphären, Sichtweisen und Ebenen

Die betrieblich anfallenden Steuern auf Gesellschaftsebene werden sowohl bei den Steuerträgern als auch bei den Steuerarten in Summenpositionen zusammengefaßt. Neben dieser Steuerbelastung der betrieblichen Sphäre wird die Steuerbelastung des Privatbereichs als Summation der Steuerträger bzw. Steuerarten der einzelnen Gesellschafter ausgewiesen. Desweitern wird die Gesamtbelastung, ebenfalls jeweils für die Steuerträger und Steuerarten, errechnet.

Die Ergebnisse der Steuerberechnung können außerdem aus der Sicht einzelner Gesellschafter bzw. der Gesellschaft dargestellt werden.[35]

2.3.4 Flexibilität bezüglich Änderungen steuerlicher Rahmenbedingungen

Im Modell sind die derzeit gültigen Steuersätze und Freibeträge[36] gespeichert. Sie werden durch Eingabe des Parameters "-1" aktiviert werden. Steuerrechtsänderungen können, sofern die Struktur der Steuerberechnung unverändert geblieben ist, durch explizite Vorgabe der neuen Steuertarife bzw. Freibeträge berücksichtigt werden. Diese Option ermöglicht außerdem die Berücksichtigung des Hebesatzes der Gewerbesteuer. Werden Freibeträge eingegeben und nicht vom Programm berechnet, so erfolgt keine Überprüfung und Anpassung bei Unterschreiten der Bemessungsgrundlagengrenze .

2.3.5 Mehrperiodische Planungsmodelle

Viele Steuerplanungsprobleme, z.B. die Ausschüttungsplanung, erfordern mehrperiodische Kalküle. In der dynamischen Betrachtungsweise ist es notwendig, Größen, die in verschiedenen Planungsperioden anfallen, vergleichbar zu machen. Hierbei kommt das Kapitalwert- oder das Endwertkalkül in Frage. Desweitern ist zu beachten, daß die durch Auf- bzw. Abzinsung entstehenden Zinsen ihrerseits steuerliche Konsequenzen auslösen können.

Ein weiterer Aspekt sind die Interdependenzen der Bemessungsgrundlagen im Zeitverlauf.

2.3.5.1 Zielkonzeption der mehrperiodischen Planung

In der Totalbetrachtung, die die Maximierung des Einkommensstroms der Individuen beinhaltet, ist die Unterscheidung zwischen Gewinnentstehung und -verwendung nicht erforderlich. Die Gewinnverwendung ist Teil der Zieldefinition. Hier ist es auch belanglos, wer Steuersubjekt ist, da dies auf die finanzielle Zielwirkung keinen Einfluß hat. Voraussetzung ist aber, daß die Entscheidenden und die Eigentümer identisch sind.

Ist dies nicht der Fall oder sollen nur einzelne Entscheidungen abgebildet werden, ist eine Partialplanung notwendig. Hierbei wird der Konsumbereich aus dem Ent-

35) vgl. Hax (1979a), S.317-318.

scheidungskalkül ausgegrenzt. Die einzelnen Entscheidungsbereiche sind abzugrenzen. Die Entscheidung kann entweder dezentral - aber simultan für alle - oder sukuzessiv für einzelne Bereiche durchgeführt werden. Steuerliche Bemessungsgrundlagen sind zum Teil nicht eindeutig mit nichtsteuerlichen Parametern verknüpfbar. Eine simultane Berücksichtigung ist daher schwierig. Im steuerlichen Bereich läßt sich für die sukzessive Betrachtung das oberzielkonforme Subziel der Minimierung der Steuerbelastung ableiten. Allerdings ist damit nicht gewährleistet, das Gesamtoptimum zu erreichen.[37]

2.3.5.2 *Kapitalwertkalkül*

In mehrperiodischen Planungsüberlegungen spielt der zeitliche Anfall neben der absoluten Höhe der Zahlungen eine zentrale Rolle. Nur durch Transformation auf einen gemeinsamen Bezugspunkt kann die Vergleichbarkeit von Zahlungen zu unterschiedlichen Zeitpunkten gewährleistet werden. Diese Transformation ist entweder als Kapitalwert zu Beginn oder als Vermögensendwert am Ende des Projekts zu realisieren. Das Programm "STPLAN für Windows" betrachtet den Kapitalbarwert (d.h. Wert zu Beginn der Betrachtung).

2.3.5.2.1 Kapitalwertmethode

Ausgehend von der Zielkonzeption wird durch das Konzept des Steuerbarwerts der Zinseffekt ausgeschaltet. Der Steuerbelastungseffekt wird alleine sichtbar. Die Kapitalwertmethode ist definiert für die Welt des vollkommenen Kapitalmarktes. Diese Prämisse betrifft vor allem den einheitlichen Soll- bzw. Habenzinsfuß und die unbeschränkte Finanzierungsmöglichkeit zum Kapitalmarktzins.[38] Der einheitliche Soll- und Habenzinsfuß muß jedoch nur innerhalb der Periode vorliegen. Verschiedene Perioden können durchaus verschiedene Zinssätze aufweisen.[39] Im unvollkommenen Kapitalmarkt lassen sich diese Prämissen nicht aufrechterhalten.

In der Literatur wurde verschiedentlich versucht, den Kapitalzinsfuß zu präzisieren.[40] Allgemein läßt sich sagen, daß er den individuellen Vorteilhaftigkeitsmaßstab darstellt.

Um das Steuerbarwertmodell am unvollkommenen Kapitalmarkt anwenden zu können, muß es eindeutig definiert sein. Hierbei sind die Funktionen des Kalkulationszinsfusses zu reduzieren. Wird als Ziel Vermögensstreben unterstellt, kommt dem Kalkulationszinsfuß nur die Aufgabe zu, die Finanzierungsbeiträge des Sekundär-Zahlungsstroms abzubilden. Dieser Sekundär-Zahlungsstrom löst Finanzinvestitionen aus.[41]

---

36) Stand 1992
37) vgl. Wagner/Dirrigl (1980), S. 12-13; Kelpe (1980), S. 77-78.
38) vgl. Blohm/Lüder (1991), S.74.
39) vgl. Schneider D. (1985), S. 182.
40) vgl. Wagner/Dirrigl (1980), S. 31; Wöhe/John (1980), S. 39-40; Siegel (1982), S. 67; Schneider D. (1989), S. 99-100.
41) vgl. Schneider D. (1985), S. 229; vgl. auch Siegel (1982), S. 133-136; Siegel (1983), S. 10-28., der auch Sachinvestitionen einbeziehen will.

Der Steuerbarwert wird durch Diskontierung der Steuerzahlung ermittelt. Er repräsentiert den Betrag, der erforderlich ist, um die Steuerzahlung des betrachteten Projekts zu begleichen.

Eine Entscheidung kann aber nur unter der Prämisse der Vermögensmaximierung bei festgelegten Entnahmen getroffen werden.

2.3.5.2.2 Kalkulationszinsfuß

Die Kapitalwertkonzeption unterstellt zwischenzeitliche Geldanlage bzw. -aufnahme am Kapitalmarkt. Die unveränderte Übernahme des Zinssatzes eines Modells ohne Steuern in ein Modell mit Steuern, ist nur bei Unterstellung von Steuerneutralität der Sekundär-Zahlungsreihe möglich.[42] Im Modell mit Steuern werden jedoch bereits in der Primär-Zahlungsreihe Steuerzahlungen unterstellt. Die Sekundär-Zahlungsreihe stellt Finanzanlagen am Kapitalmarkt dar, diese unterliegen in der Realität ebenfalls Steuern.

Weiterhin ist zu beachten, daß ein Kalkulationszinsfuß nur dann einsetzbar ist, wenn Finanzierungs- und Investitionsentscheidungen trennbar sind.[43]

Steuerwirkungen der Sekundär-Zahlungsreihe können durch Anwendung des Kalkulationszinsfusses nach Steuern abgebildet werden. Vereinfacht berechnet er sich wie folgt:

$$i_S = i * (1 - s)$$

Hierbei bezeichnet i den Kalkulationszinssatz vor Steuern und s den Steuersatz für zusätzliche Gewinne (Grenzsteuersatz).

Die Einbeziehung von Steuern wirft neue Probleme im Zusammenhang mit dem Kalkulationszinsfuß auf.

Zinsen für Konsumfinanzierungen lösen keine Steuerminderung aus. In diesem Fall ist der Bruttokalkulationszinsfuß nicht zu kürzen.

Das Steuersystem behandelt Soll- bzw. Habenzinsen ungleich. Im gewerblichen Bereich erhöhen Habenzinsen die Einkommen- bzw. Körperschaftsteuer und die Gewerbeertragsteuer. Sollzinsen mindern die Einkommen- bzw. Körperschaftsteuer und, sofern es sich um Dauerschulden handelt, zu 50 % die Gewerbeertragsteuer.

Private Vermögensanlagen unterliegen nur der Einkommensteuer. Dieter Schneider nennt die Gewerbeertragsteuer eine diskriminierende Gewinnsteuer und berücksichtigt sie deshalb nicht im Kalkulationszinsfuß nach Steuern.[44]

Neben den bisher genannten Steuerarten können auch Substanzsteuern Einfluß auf den Kalkulationszinsfuß haben. Die Sekundär-Zahlungsströme stellen Finanzanlagen bzw.

42) vgl. Schneider D. (1985), S. 271-272.
43) vgl. Schneider D. (1989), S. 199.
44) vgl. Schneider D. (1985), S. 269.

Kredite dar und verändern so das Vermögen. Betroffen sind hiervon die Vermögen- und die Gewerbekapitalsteuer. Letztere ist als Betriebsausgabe bei der Gewerbeertrag- und Körperschaft- bzw. Einkommensteuer abzugsfähig. Kapitalmarktanlagen werden zu 100 % bei der Gewerbekapitalsteuer berücksichtigt, bei Kapitalmarktkrediten, sofern es sich um Dauerschulden handelt, müssen 50 % der Schuld dem Gewerbekapital wieder hinzugerechnet werden.

Die Steuerbarwertmethode kann nur angewandt werden, wenn Informationen über die Finanzierungsform zur Verfügung stehen. Außerdem ist es erforderlich, die Rechtsform bei der Bildung des Nettokalkulationszinsfußes zu berücksichtigen.

Hierbei ist zwischen

- firmenbezogener Kapitalgesellschaft
- Einzelunternehmen/Personengesellschaft
- personenbezogener Kapitalgesellschaft

zu unterscheiden.

Die Herleitung der Kalkulationszinsfüße für die verschiedenen Finanzierungsformen beschränkt sich auf diese Rechtsformen, da sie mit den im Steuerplanungsmodell abbildbaren Typen identisch sind.

Zur Vereinfachung der Schreibweisen werden zunächst die Ertrag- und Substanzsteuerkomponenten zusammengefaßt.

Ertragsteuern:

$$(1-s^{ER}) = (1- s_{ge}) * (1 - s_k)$$

Substanzsteuern:

$$s^S = s_{gk} * (1 - s^{ER}) + s_v$$

Bei der **firmenbezogenen Kapitalgesellschaft** können drei unterschiedliche Berechnungen des Nettokalkulationszinsfußes auftreten.

1. Fremdfinanzierung:

a. Dauerschuld-Fall

Hier werden die Dauerschulden bzw. Dauerschuldzinsen mit je 50 % bei der Gewerbekapital- bzw. -ertragsteuer berücksichtigt.

$$i_s = (i + 0{,}5 * (i * (s_{ge} /(1 - s_{ge})) + s_{gk})) * (1 - s^{ER}) - s^S$$

b. Nicht-Dauerschuld-Fall

$$i_s = i - i * s^{ER} - s^S$$

2. Eigenfinanzierung (ohne Emissionskosten)

$i_S = r * (1- s^{ER}) - s^S$

Bei der Berechnung des Kalkulationszinssatzes nach Steuern für die **Personengesellschaft** bzw. das Einzelunternehmen tritt an Stelle des Körperschaftsteuersatzes der Einkommensteuersatz. Auch hier ist zwischen Eigen- und Fremdfinanzierung, mit beiden Unterformen, zu unterscheiden. Die Berechnungen des Nettokalkulationszinsfusses ist analog zur firmenbezogenen Kapitalgesellschaft durchzuführen.[45]

Bei der **personenbezogenen Kapitalgesellschaft** sind auch die Interessen der Gesellschafter bei der Planung zu beachten. Neben den schon angesprochen Finanzierungsformen Eigen- und Fremdfinanzierung, bietet sich die "Schütt-aus-hol-zurück"-Politik (SAHZ) als Alternative an.[46]

Eventuell auftretende Emissionskosten werden im folgenden vernachlässigt.

1. Innen- bzw. Eigenfinanzierung:

$i_S = (r * (1 - s^{ER}) - s^S) * ((1 - s_e) / (1 - s_k))$

2. Fremdfinanzierung:

$i_S = ((i + 0{,}5 * (i * (sge / (1-sge) + sgk)) * (1 - s^{ER}) - s^S) * ((1-s_e) / (1-s_k))$

3. Beteiligungsfinanzierung (SAHZ):

$i_S = r * (1-s_k) * ((1-s_e) / (1-s_k))$

$= r * (1 - s_e)$

Die Verwendung dieser Berechnungsvorschriften beinhaltet aber eine Reihe von Problemen, die zu beachten sind.

1. Progressionseffekte des Einkommensteuertarifs können im Kalkulationszinsfuß nach Steuern nicht berücksichtigt werden. Zur Berechnung des exakten Steuertarifs wären Informationen über die Höhe des zu versteuernden Einkommens, einschließlich der Einkommenswirkung der Sekundär-Zahlungsreihe, erforderlich. Bezieht man außerdem künftige Steuersatzänderungen in die Planung mit ein, ist das zu versteuerende Einkommen bzw. der Grenzsteuersatz kaum noch exakt abschätzbar. Aus diesen Gründen erscheint in den meisten Fällen die Anwendung des Grenz-Einkommensteuersatzes von 53 % angebracht.

2. An Personengesellschaften und personenbezogenen Kapitalgesellschaften sind in der Regel mehrere Gesellschafter beteiligt. Deren persönliche Verhältnisse sind meist nicht identisch. Insbesondere können unterschiedliche einkommensteuer-

45) vgl. Mellwig (1985), S. 34-45.

46) SAHZ ist prinzipell auch bei firmenbezogenen Kapitalgesellschaften möglich vgl. Hax (1979b), S. 322-334.

liche Grenzsteuersätze vorliegen. Desweiteren ist es möglich, daß einige Gesellschafter vermögensteuerpflichtig sind, während andere die Freibeträge unterschreiten.

Zur Lösung dieses Problem kommen unterschiedliche Konzeptionen in Frage.

a) Für jeden einzelnen Gesellschafter ist isoliert eine Vorteilhaftigkeitsanalyse vorzunehmen. Dabei sind, soweit bekannt, die persönlichen Verhältnisse des Einzelnen und sein Anteil am Projekt zu berücksichtigen. Es können sich allerdings unterschiedliche Empfehlungen für die verschiedenen Gesellschafter ergeben. In diesem Fall ist dann ein erneuter Entscheidungsfindungsprozeß der Beteiligten notwendig.

b) Als alternative Lösungsstrategie bietet sich die Bildung eines durchschnittlichen Grenz-Einkommensteuersatz aller Gesellschafter an. Gegebenenfalls ist die Berücksichtigung von Gewichten bei der Berechnung des Durchschnitts sinnvoll. Der Entscheidungsfindungsprozeß wird so miteinbezogen.

3. Die Sekundär-Zahlungsreihe kann die Verlustbehandlung (Verlustvor- bzw. -rücktrag) der Primärzahlungsreihe verändern. Im implementierten Modell wird die Fiktion des sofortigen Verlustausgleichs unterstellt. Eine Berücksichtigung der Verlustverrechnung im Kalkualationszinsfußes ist deshalb nicht erforderlich.

2.3.5.3 *Auftretende Interdependenzen*

Das Interdependenzproblem der Bemessungsgrundlagen kann in zeitlich-horizontale und zeitlich-veritkale Interdependenzen gegliedert werden. Zeitlich-horziontale Abhängigkeiten haben statischen Charakter und werden bei den Eingabedaten der Periode berücksichtigt. Probleme bereiten jedoch zeitlich-vertikale Interdependenzen, die im Zusammenhang mit der Dynamisierung auftreten. Eisenach unterteilt in direkte und indirekte Abhängigkeiten, in konkurrierende und komplementäre sowie kompensatorische und wirkungsverstärkende Interdependenzen.

Zur Illustration folgendes Beispiel:

Steuerabhängige Erhöhungen des unternehmenseigenen Betriebsvermögens haben in der Folgeperiode - sofern die Vermögenssteigerung unter der Wertfortschreibungsgrenze liegt - eine Verminderung der bewertungsrechtlichen Modifikationen zur Folge.

Interdependenzen treten selten in der reinen Form der Grundtypen auf. Sie sind häufig eine Mischung verschiedener Interdependenzformen. Als Beispiel sei hier die gleichzeitige Erhöhung des Reinertrags und der Leistungsvergütungen genannt. Diese Veränderungen haben gegenläufige Einflüsse auf Me, Mk und Mge. Erst die Saldierung der Einflußkomponenten läßt Rückschlüsse auf die Gesamtwirkung zu.

Eine Systematisierung ist nur bei starker Einengung der Prämissen möglich. Dies hätte jedoch zur Folge, daß die Steuerplanungsgestaltung stark vereinfacht und dadurch eingeschränkt würde. Als Ausweg bietet sich die einzelfallbezogene Ermittlung - also die Implementierung **eines** Einzelfalls - an.[47]

Da beide Lösungen wenig sinnvoll erscheinen, wurde der Weg der modell-exogenen Erfassung der Interdependenzen gewählt.[48]

Der Anwender hat die Möglichkeit, durch den Aufruf unterschiedlicher Bemessungsgrundlagendateien der Gesellschaft bzw. Gesellschafter je Periode, die Interdependenzen abzubilden.

Außerdem werden zur Laufzeit Änderungen des Betriebsvermögens im Vergleich zu den angenommen Werten der Periode sowie Änderungen des verwendbaren Eigenkapitals im Vergleich zur Vorperiode abgefragt.

Die Verlustbehandlung kann zeitlich-vertikale Interdependenzen verursachen. Im Modell "STPLAN für Windows" wird von der Fiktion des sofortigen Verlustausgleichs ausgegangen. Eine Beachtung dieser Interdependenzen ist hier nicht erforderlich.

2.3.5.4 Zuordnung von Bemessungsgrundlagen zu Perioden

In dynamischen Modellen spielt die Zuordnung von Bemessungsgrundlagen zu Perioden besonders dann eine große Rolle, wenn die Steuerbelastung in den verschiedenen Perioden unterschiedlich ist. Zuordnungsprobleme ergeben sich insbesondere bei Ausschüttungen und der Berücksichtigung der Kirchensteuer.[49]

2.3.5.4.1 Ausschüttungen

Vereinfachend wird hier angenommen, daß die Ausschüttungen des Jahres im gleichen Jahr die Körperschaftssteuer der Unternehmung beeinflussen und im gleichen Jahr den Gesellschaftern zufließen.

2.3.5.4.2 Kirchensteuer

Es wird vereinfachend angenommen, daß die gezahlte Kirchensteuer der geschuldeten Kirchensteuer entspricht. Diese Annahme wird auch in anderen Steuerplanungsmodellen vertreten.[50]

---

47) vgl. Eisenach (1974), S. 313.

48) vgl. im Ergebnis ebenso Jung (1984), S. 309; die Kritik Schreibers (1987), S. 21-23. an der weitgehenden Endogenisierung der Bemessungsgrundlagen in der dynamischen Teilsteuerrechnung kann damit entkräftet werden.

49) vgl. Storz (1984), S. 79-80.

50) vgl. Heinhold (1979), S. 147; Siegel (1982), S. 57; Storz (1984), S. 60 und S. 80; Schreiber (1987), S. 75.

2.3.5.4.3 Zeitpunkte der Entstehung der Steuerschuld und der Steuerzahlung

Im dynamischen Modell wird die Steuerschuld der Steuerzahlung gleichgesetzt.[51] In der Realität fallen jedoch Steuerschuld und Steuerzahlung, die eventuell noch in Voraus- und Abschlußzahlung unterteilt ist und je nach Steuerart unterschiedlich fällig wird, auseinander.[52] Da Unsicherheit über den zeitlichen Anfall der verschiedenen Steuerzahlungen besteht, ist es durchaus gerechtfertigt, von Annahme der Gleichheit von Steuerschuld und Steuerzahlung auszugehen.[53] Es wird unterstellt, daß die Steuerschuld am Ende des Jahres beglichen wird.

51) vgl. Eisenach (1974), S. 176; Storz (1984), S. 81-82.
52) vgl. Dedner/Günther (1980), S. 856-857.
53) vgl. Siegel (1980), S. 383; Storz (1984), S. 82.

3. STPLAN für Windows

3.1 Oberfläche

Das Steuerplanungsprogramm "STPLAN für Windows" wurde in PASCAL (Turbo Pascal für Windows) realisiert. Es ist auf jedem Computer mit dem Betriebssystem MS-DOS und dem Programm Microsoft Windows ab Version 3.0 einsatzfähig.

3.1.1 Microsoft Windows 3.0

Die Software MS-Windows 3.x stellt eine grafische Oberfläche dar, die den Aufruf und die Bedienung von unterschiedlichen Softwarepaketen nach einheitlichen Richtlinien ermöglicht. Der Anwender kann - unabhängig von Betriebssystembefehlen - Programme durch Anklicken von grafischen Symbolen (Icons) mit der Maus starten. Die Bedienung der programmspezifischen Funktionen wird durch eine einheitliche Fenstergestaltung (Window) vereinfacht.

3.2 START des Installationsprogramms aus Windows heraus

Legen Sie bitte die "STPLAN für Windows"-Diskette in das passende Diskettenlaufwerk ihres Rechners ein und starten Sie die Windowsoberfläche ihres Rechners. Hierzu müssen Sie in der Regel lediglich den Befehl "WIN" eingeben

Danach aktivieren Sie bitte das Menü Datei und darin den Menüpunkt Ausführen.

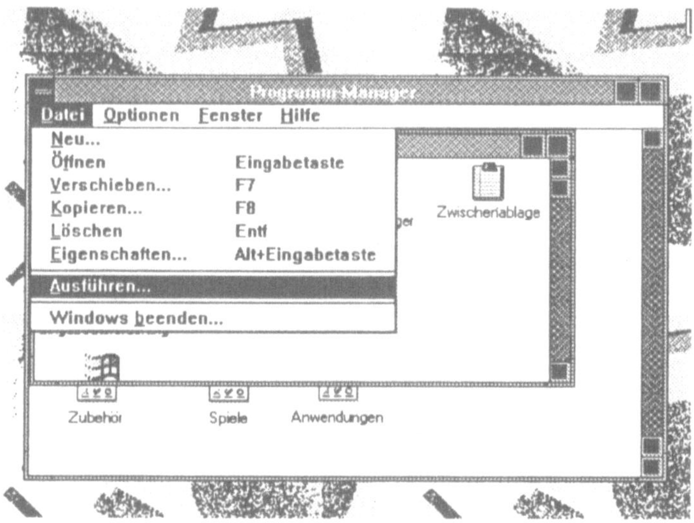

Nun erscheint eine Dialogbox auf dem Bildschirm. Hier ist der vollständige Pfad des Installationsprogramms einzugeben.

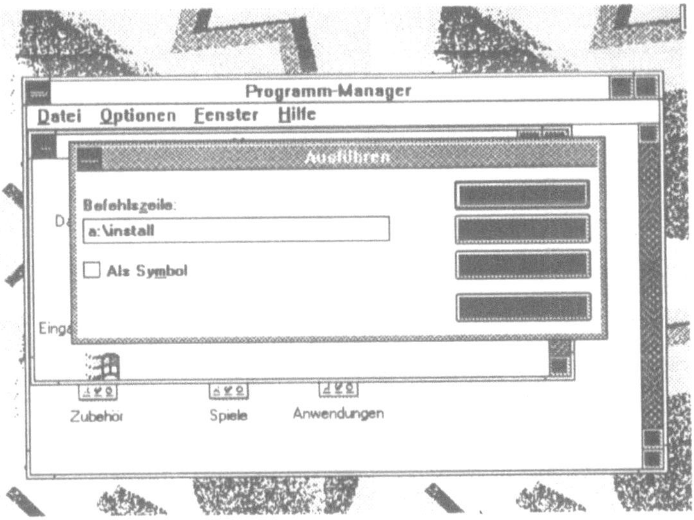

Abb. 4 STPLAN Installationsprogramm - Pfad

Befindet sich die Installationsdiskette in Ihrem Laufwerk A, so ist der Befehl

A:\INSTALL [return]

befindet sich die Diskette jedoch in Ihrem Laufwerk B, so ist die Anweisung

B:\INSTALL [return] einzugeben.

Daraufhin wird das Installationsprogramm (INSTALL.EXE) von STPLAN für Windows gestartet.

3.3 Handhabung des Installationsprogramms INSTALL

Es erscheint ein Dialogfenster am Bildschirm mit den Optionen Laufwerk und Installation.

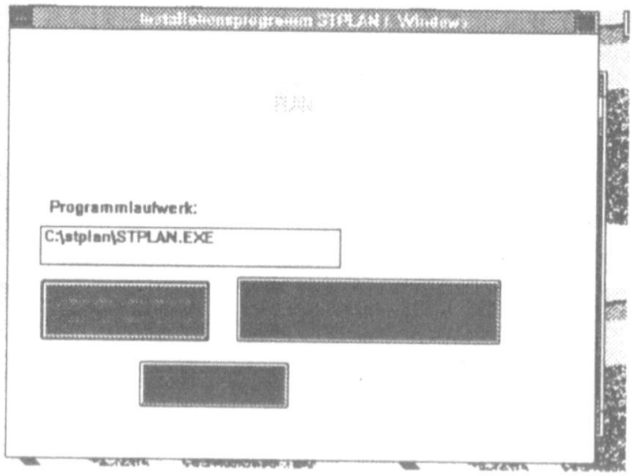

Abb. 5 Installationsprogramm STPLAN für Windows

3.3.1 Wahl des Programm- und Datenlaufwerks

Zunächst ist das für STPLAN vorgesehene Programm- und das zugehörige Datenlaufwerk - für die Demodaten - festzulegen.

Standardmäßig werden vom Programm die Pfade "C:\STPLAN\" bzw. "C:\STPLAN\DATEN\" vorgeschlagen. Sie können die Pfade jedoch Ihren Wünschen entsprechend abändern. Sind die Verzeichnisse noch nicht angelegt, werden sie vom Installationsprogramm automatisch eingerichtet.

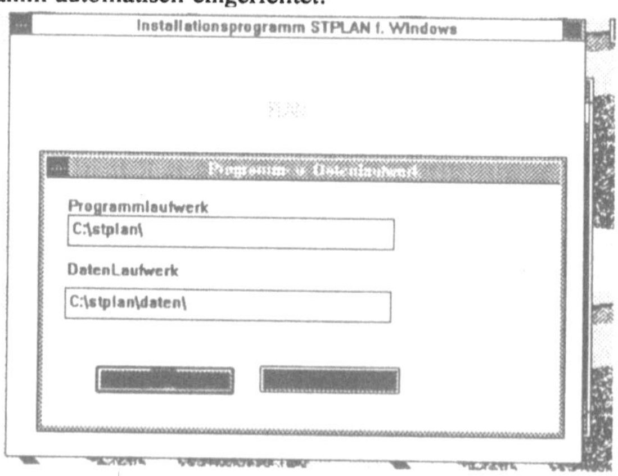

Abb. 6 Installationsprogramm STPLAN für Windows - Programm- u. Datenlaufwerk

3.3.2 Aufruf der Installationsroutine

Das gewählte Programmlaufwerk (-pfad) wird im Dialogfenster angezeigt. Sie können diese überprüfen und gegebenenfalls durch erneuten Aufruf der Routine "Laufwerk wählen" ändern. Zur Installation rufen sie die Installtionsroutine (Installation) auf.

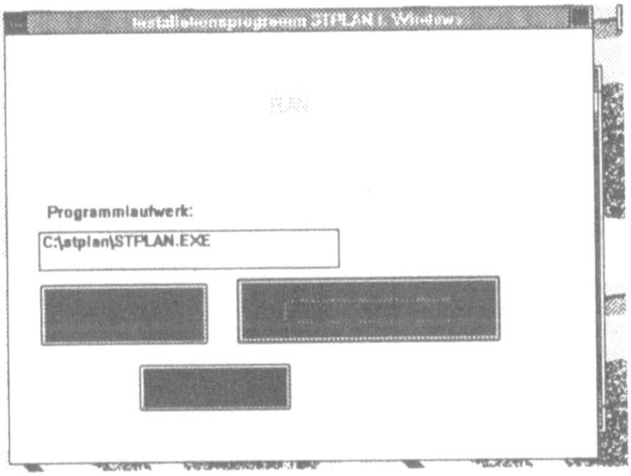

Abb. 7 Installation

Diese Routine legt u.U. nicht vorhandene Verzeichnisse an und kopiert das Programm STPLAN für Windows inclusive Hilfesystem und Demonstrationsdaten auf die Festplatte. Außerdem wird innerhalb der Windowsoberfläche eine Programmgruppe "Steuerplanung" angelegt und das Programm STPLAN installiert.

3.3.3 Beenden des Installationsprogramms

Nach erfolgreichen Abschluß des Installationsprogramms, erscheint folgende Meldung am Bildschirm

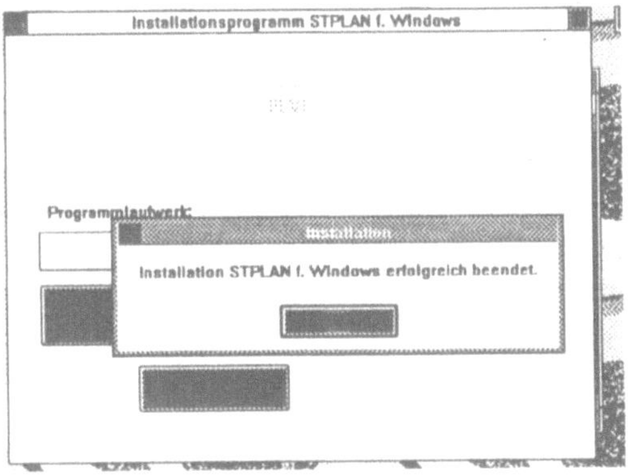

Abb. 8 Beenden des Installationsprogramms

3.3.4 Start des Programms "STPLAN für Windows"

Nachdem das Installationsprogramm abgeschlossen wurde, steht innerhalb der Windowsoberfläche eine eigene Programmgruppe "Steuerplanung" zur Verfügung. Das Programm "STPLAN für Windows" kann dann in Zukunft - einfach - durch "Doppelklick" mit der Maus auf das entsprechende STPLAN f. Windows-Programmsymbol (Stplan) aufgerufen werden.

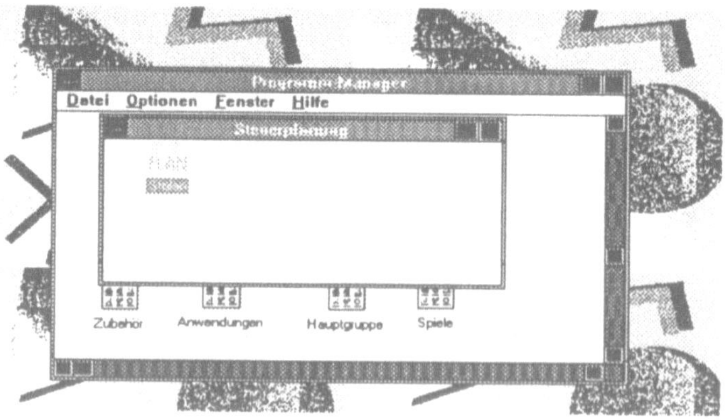

Abb. 9 Start von STPLAN für Windows

3.4 Grundlegende Programmfunktionen

Nach Aufruf des Programms STPLAN für Windows stehen vier Menüpunkte zur Auswahl.

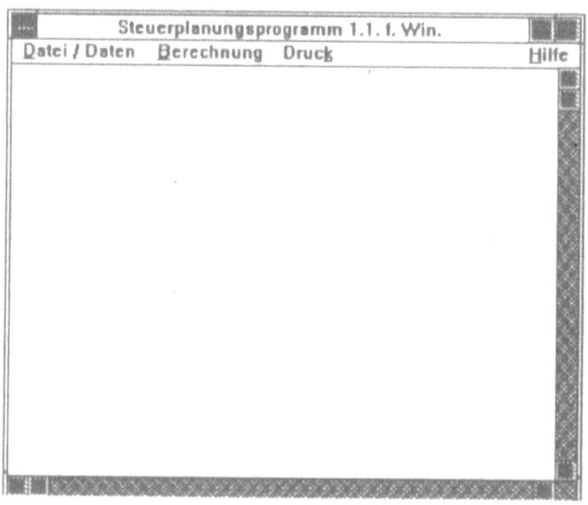

Abb. 10 Programmfunktionen

3.4.1 Struktur des Programms STPLAN für Windows

Das Programm ist in drei Bereiche gegliedert. Daneben stehen noch umfangreiche Hilfefunktionen zur Verfügung.

3.4.1.1 Datei / Datenfunktionen

Die Erfassung der Bemessungsgrundlagen und der verfügbaren Steuertarife erfolgt in einem eigenen Fenster. Diese Funktionen können aus dem Menüpunkt Datei / Daten heraus aufgerufen werden.

Darüber hinaus stehen hier Routinen zur Verfügung um bereits berechnete und abgespeicherte statische und dynamische Steuerplanungsmodelle einlesen zu können.

Weiter ist hier eine Routine zur allgemeinen Druckeranpassung innerhalb von MS-Windows vorgesehen.

3.4.1.2 Berechnung

Das eigentliche Steuerplanungsprogramm besteht aus der Berechnung der Steuerarten- und Steuerträgerbelastung für die statische und dynamische Version.

Dieser Bereich des Programms ist stark modular aufgebaut.

Stark vereinfacht läßt sich die Struktur folgendermaßen charakterisieren. Der Steuerungsprogrammteil liest die gespeicherten Eingabedaten ein und überprüft ihre Konsistenz. Anschließend summiert er die Daten der Gesellschafter (z.B. Leistungsvergütungen) und übergibt den Wert an die Gesellschaft, bzw. teilt Bemessungsgrundlagen der Gesellschaft (z.B. Betriebsvermögen) auf die Gesellschafter anteilsmäßig auf. Die Ursprungswerte bei den Gesellschaften bzw. der Gesellschaft bleiben erhalten. Danach werden in Abhängigkeit von der Rechtsform die Bemessungsgrundlagen an die Steuerartenmodule zur Berechnung der Teilsteuerartenbelastung aufgerufen. Die Ablaufsteuerung gewährleistet, daß zuerst die Gesellschaft und dann die Gesellschafter abgearbeitet werden. Nach der Abarbeitung aller notwendigen Steuerartenberechnungen, werden die einzelnen Teilsteuerartenbelastungen zur Teilsteuerbelastung und zur Steuerartbelastung aufaddiert.

Neben der statischen Analyse können auch dynamische Probleme bearbeitet werden. Im dynamischen Modell wird der Anwender zur Eingabe des Kalkulationszinsfußes nach Steuern aufgefordert. Das Programm führt eine Diskontierung der errechneten Steuerbeträge durch.

3.4.1.3 Druck

In diesem Menüpunkt sind die verschiedenen Auswertungsdarstellungen des statischen und dynamischen Modells zusammengefaßt. Neben der Darstellung auf dem Bildschirm können sie durch einfaches Anklicken der angezeigten "Drucken"-Taste auf den - von Windows spezifizierten - Drucker ausgegeben werden.

Auch hier ist eine Routine zur Druckanpassung (z.B. Drucken im Querformat) vorgesehen.

3.4.1.4 Hilfe

In diesem Menüpunkt stehen verschiedene Hilfemenüs über das Programm "STPLAN für Windows" und über die Bedienung von Windowssystemen zur Verfügung. Sie können durch Anklicken dieses Menüpunktes bzw. aus STPLAN für Windows heraus durch Betätigung des Tastenkombination [SHIFT]+[F1] aufgerufen werden.

3.4.2 Kombinierte Steuerträger- und Steuerartenrechnung

In der kombinierten Steuerträger- und Steuerartenrechnung werden die Steuerartengleichungen der Teilsteuerrechnung nicht zu einer Gesamtbelastungsgleichung zusammengefaßt. Vielmehr werden steuerartspezifische Faktoren der Bemessungsgrundlage zugeordnet. Zur Darstellung der unterschiedlichen Steuerartbelastungen der Bemessungsgrundlagenteile bietet sich die Matrizenform an. Die Spalten beinhalten dabei die verschiedenen Steuerarten, während in den Zeilen die Bemessungsgrundlagenteile organisiert sind. Vereinfacht ergibt sich folgende Struktur.[54]

BMGL	Steuerart1	Steuerart2	...	. Gesamtbelastung
BMGL1	a*BMGL1	b* BMGL1		(a + b) * BMGL1
...	...	...		...
	Summe Steuerart1	Summe Steuerart2		Summe Gesamtsteuern

Abb. 11 Struktur der kombinierten Steuerarten- Steuerträgerrechnung

3.4.3 Rundungsvorschriften

Alle Variablen, die für Berechnungen benötigt werden, sind vom Typ "REAL". Mit diesem Datentyp werden reelle Zahlen dargestellt. Er hat einen Wertebereich von $-1{,}0*10^{-38}$ bis einschließlich $1{,}0*10^{+38}$ mit sieben gültigen Dezimalstellen. Beträge werden demnach auf sieben gültige Stellen gerundet.

Im Steuerplanungsprogramm werden grundsätzlich keine Rundungen vorgenommen. Es werden weder die Rundungsvorschriften bei der modellendogenen Ermittlung der Bemessungsvorschriften durch Summation aus oder Verteilung an die Teilmodelle, noch bei der Berechnung der Steuerbelastung beachtet. Es wird immer mit dem ungerundeten REAL-Wert, d.h. mit allen Nachkommastellen weitergerechnet. Da es sich bei den Ein-

54) vgl. Rose (1992b), S. 40 und S. 62.

gabeparametern in der Regel um geschätzte Werte handelt, sind die ermittelten Steuerbelastungen ebenfalls unter diesem Aspekt zu betrachten. Der Einfluß der vernachlässigten Rundungsvorschriften ist demgegenüber vergleichsweise gering. Der Anwender kann jedoch, sofern er es für notwendig erachtet, bei den von ihm einzugebenden Bemessungsgrundlagen (d.h. den Eingabeparametern) gerundete Werte eingeben.

Bei der Ausgabe ist zu beachten, daß der ausgegebene Betrag gerundet ist. Die Variable enthält aber nach wie vor den exakten Betrag. Wird nun mit diesem Wert weitergearbeitet, so können sich beim Vergleich des ausgegebenen Endwerts mit dem von Hand aufsummierten Zwischenwerten Abweichungen ergeben.

3.5 Datei / Datenfunktionen

Die Bemessungsgrundlagen und Steuertarife sind in Datendateien (Endung ".DAT"), die Modelldaten in speziellen Dateien (Dateiendung ".SMO" für statische Modelle und ".DMO" für dynamische Modelle) abgespeichert. In der Dateiauswahl können diese angewählt werden. Der Zugriffspfad kann durch Auswahl der Verzeichnisse spezifiziert werden. Es empfiehlt sich, Daten- und Modelldateien in einem speziellen Unterverzeichnis abzulegen, die Auswahl wird dadurch erleichtert. Selbstverständlich können auch mehrere Verzeichnisse, z.B. für unterschiedliche Kunden, verwendet werden. Mit Hilfe der Funktion bei den Dateifunktionen bestimmt der Anwender, in welchem Verzeichnis die Dateien abgelegt werden, bzw. von wo sie eingelesen werden.

3.5.1 Eingabe der Bemessungsgrundlagen und Steuertarife

Die Menüpunkte "Bemessungsgrundlagen" und "Tarifmodell" sind Unterpunkte des Menüteils "Datei/Daten".

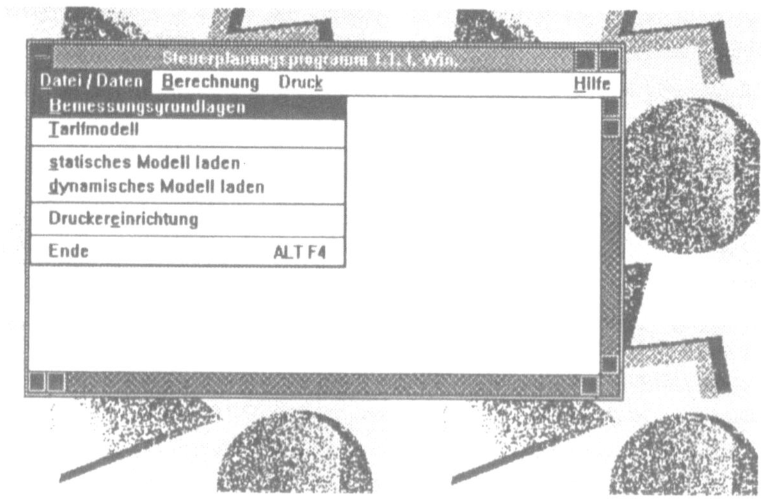

Abb. 12 Menüteil Datei / Daten

Sie werden durch Anklicken aufgerufen. Nach Aktivierung öffnet sich dann jeweils ein eigenes Fenster zur Auswahl der zu bearbeitenden bzw. neu anzulegenden Datei. Wurde dies erfolgreich durchgeführt sind in einem weiteren Fenster die benötigten Daten einzugeben.

Bei der Eingabe sind folgende Grundsätze zu beachten. Es können nur ganze DM-Beträge eingegeben werden. Prozentwerte sind, um eine hinreichende Genauigkeit zu erreichen, in ganzen Hundertstelprozentwerten einzugeben (z.B. für 56,25 % Eingabe: 5625). Bemessungsgrundlagen und Steuertarife sind also ganzzahlig einzutragen. Die Eingabe des Parameters "**-1**" bewirkt den Ansatz des maximalen Freibetrags[55], der gesetzlichen Steuersätze[56] und ermöglicht später die selbständige Gewinnung von Größen der Gesellschaft aus den Werten der Gesellschafter bzw. von Größen der Gesellschafter aus dem Wert der Gesellschaft.

55) vgl. Kapitel 3.5.1.1.3.
56) vgl. Kapitel 3.5.2.

3.5.1.1 Eingabe der Bemessungsgrundlagen

Nach Aufruf des Programmteils "Bemessungsgrundlagen" erscheint folgendes Dateiauswahlfenster.

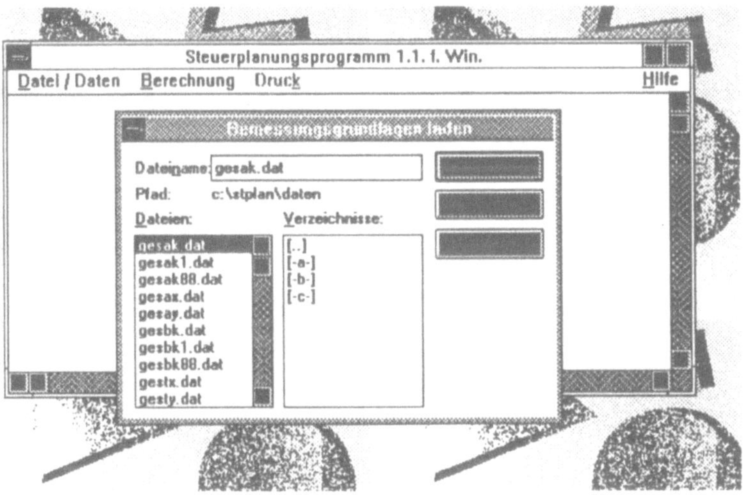

Abb. 13 Bemessungsgrundlagen laden

Die Abspeicherung erfolgt unter dem eingetragenen Modellnamen. Soll eine Datei neu angelegt werden, so ist der vorgesehene Name bei der Dateiauswahl anzugeben. Der erste Buchstabe des Namens kennzeichnet den Typ des vorliegenden Modellteils. Folgende Kennzeichnungen müssen eingehalten werden. Ist der erste Buchstabe ein:

'K' oder 'k', so handelt es sich um eine Kapitalgesellschaft,

'G' oder 'g', um einen Gesellschafter einer Kapitalgesellschaft

'P' oder 'p', um eine Personengesellschaft

'U' oder 'u', um einen Gesellschafter einer Personengesellschaft

Nach dieser Festlegung kann mit der Eingabe der Teilsteuerbemessungsgrundlagen für diese Modellkomponente (der Kapital-, der Personengesellschaft und deren Gesellschafter) begonnen werden.

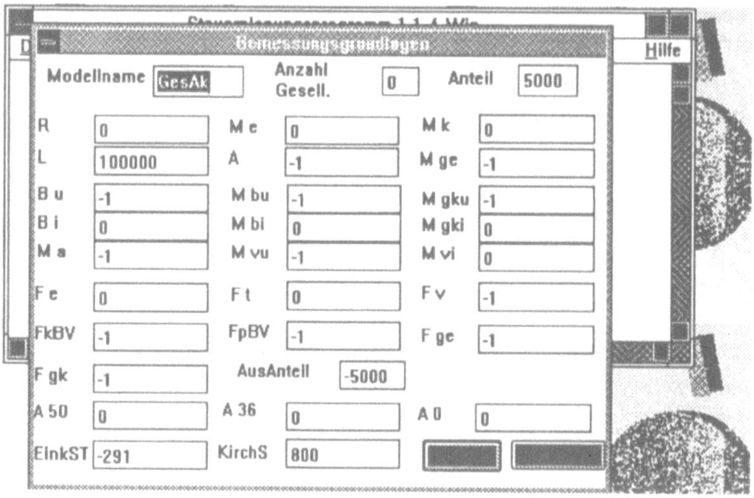

Abb. 14 Datenerfassungsmaske Bemessungsgrundlagen

Die einzelnen Beträge sind jeweils für jeden Teil, d.h. die Gesellschaft und die einzelnen Gesellschafter getrennt einzugeben und abzuspeichern.

MODELLNAME:

Hier sollte der Dateiname der Modellkomponente eingegeben werden. Auf den Auswertungen wird dieser Name als Kennung für den jeweiligen Modellteilnehmer angegeben.

ANZAHL GESELL:

Bei der Kapital- bzw. Personengesellschaft ist die Angabe der Zahl der beteiligten Gesellschafter notwendig.

Dagegen ist sie bei der Erfassung der Bemessungsgrundlagen von Gesellschaftern mit "0" zu besetzen.

ANTEIL:

In diesem Feld ist der Anteil des Gesellschafters an der Gesellschaft in ganzen Hundertstelprozent einzutragen. Der Programmlauf kann nur dann gestartet werden, wenn die Summe der Anteile 100% erreicht. Dieser Wert wird bei der programmgesteuerten Zurechnung von Gesellschaftsgrößen, z.B. Betriebsvermögen, auf die Gesellschafter herangezogen. Bei Personengesellschaften wird darüber hinaus vereinfachend angenommen, daß der Gewinnverteilungsschlüssel den Beteiligungsanteilen entspricht.[57]

3.5.1.1.1 Ertragsgrößen[58]

REINERTRAG - R -:

Hierbei handelt es sich um den Handelsbilanzgewinn. Er ist um die Leistungsvergütungen an Unternehmensinhaber und um alle in das Modell einbezogenen Steuern zu erhöhen.

EINKOMMENSTEUERLICHE MODIFIKATION - ME -:

In dieses Feld ist die Differenz aus Handelsbilanzgewinn und dem für die Ertragsteuern relevanten Steuerbilanzgewinn einzutragen. Die Differenzen ergeben sich aus den §§ 4 - 7 EStG.

Für die Bemessungsgrundlagen R und Me ist bei Gesellschaftern der Personengesellschaft, sofern die Gewinnverteilung gemäß dem Beteiligungschlüssel erwünscht ist, der Parameter "-1" einzutragen.

KÖRPERSCHAFTSTEUERLICHE MODIFIKATION - MK -:

Zur Ermittlung des für die Körperschaftsteuer relevanten Gewinns können noch weitere Modifikationen notwendig werden. Diese Modifikationen ergeben sich aus den §§ 9 und 10 KStG. Die Vermögensteuer der Kapitalgesellschaft ist hier nicht zu berücksichtigen, da sie den Reinertrag nicht gemindert hat.

LEISTUNGSVERGÜTUNGEN - L -:

Leistungsvergütungen umfassen Vergütungen an Gesellschafter. Hier wird die Differenzwirkung zwischen der bereits im Reinertrag enthaltenen Belastungen und der Nettobelastung der Leistungsvergütung quantifiziert. Wird bei der Kapitalgesellschaft der Parameter "-1" eingetragen, so errechnet das Programm später den Wert der abgegebenen Leistungsvergütungen der Gesellschaft aus den empfangenen Vergütungen der einzelnen Gesellschafter.

---

57) wird diese Annahme aufgegeben vgl. Bilstein (1975), S. 2189-2194.

58) vgl. Rose (1973), S.82-96; Wagner/Dirrigl (1980), S. 160-162; Rose (1992b), S. 51-54 und 56.

AUSSCHÜTTUNGEN - A -:

Die Teilsteuerbemessungsgrundlage "Ausschüttung" umfaßt die Differenzwirkung zwischen der Belastung dieses Teils im Reinertrag und der realen Belastung.

Der Begriff "Ausschüttung" wird hier im Sinne der Bardividende verstanden.[59] Die Ausschüttung kann als DM-Betrag eingetragen oder bei Eingabe des Parameters "-1" in Verbindung mit der Ausschüttungsquote berechnet werden. Bei Vorgabe eines Betrags erfolgt keine Überprüfung auf (handels)rechtliche Zulässigkeiten. Die Gesamtausschüttung (A) wird zusätzlich gemäß der unterschiedlichen Körperschaftsteuerbelastung auf A50, A36 oder A0 aufgeteilt.

AUSSCHÜTTUNGSANTEIL - AUSANTEIL-

Für die Kapitalgesellschaft ist hier in ganzen Hundertstelprozent einzutragen, wieviel Prozent des ausschüttbaren Betrags ausgeschüttet werden soll. Bei den Gesellschaftern der Kapitalgesellschaft ist ihr Anteil am ausgeschütteten Betrag einzugeben. Der Anteil ist jeweils als negativer Wert anzugeben.

GEWERBEERTRAGSTEUERLICHE MODIFIKATION - MGE -:

Die gewerbesteuerlichen Modifikationen sind gemäß den Hinzurechnungs- (§ 8 GewStG) bzw. den Kürzungsvorschriften (§ 9 GewStG) zu ermitteln. Bei den Hinzurechnungen ist besonders die 50prozentige Hinzurechnung der Dauerschuldzinsen (§ 8 Nr.1 GewStG) zu erwähnen. Eine weitere Aufteilung in gesamtunternehmens- und inhaberbezogene gewerbeertagssteuerliche Modfikationen wurde nicht berücksichtigt. Die Freibeträge (§ 11 I Satz 3 Nr 1, 2 GewStG) sind hier außer Betracht zu lassen (vgl. Fge).

3.5.1.1.2 Vermögensbezogene Bemessungsgrundlagen[60]

UNTERNEHMENSEIGENES BETRIEBSVERMÖGEN - BU -:

Hier ist das Betriebsvermögen anzusetzen, das sich im rechtlichen Eigentum der Unternehmung befindet. Ermittelt wird Bu aus der Handelsbilanz an dem Tag an dem die erforderliche Einheitsbewertung des betreffenden Veranlagungszeitraums vorgenommen wird.

---

[59]) vgl. Herzig (1977), S. 149.

[60]) vgl. Rose (1973), S. 96-105; Wagner/Dirrigl (1980), S. 163-165; Rose (1992b), S. 54-58.

UNTERNEHMENSBEZOGENE BEWERTUNGSRECHTLICHE MODIFIKATONEN - MBU -:

Mbu ist die Differenz des Wertes des Betriebsvermögens nach handelsbilanziellen Grundsätzen und des Ansatzes zu substanzsteuerlichen Werten gemäß dem Bewertungsgesetz. Hier sind nur solche Differenzen einzusetzen, die sich auf Bu beziehen.

UNTERNEHMENSBEZOGENE GEWERBEKAPITALSTEUERLICHE MODIFIKATON - MGKU -:

Die gewerbekapitalsteuerlichen Modifikationen setzen sich aus den Hinzurechnungen (§ 12 II GewStG) und den Kürzungen (§ 12 III GewStG) zusammen. Sie erfassen die Differenz zwischen dem Einheitswert und dem Gewerbekapital. Bei den Hinzurechnungen ist besonders auf die 50prozentige Hinzurechnung der 50.000 DM übersteigenden Dauerschulden (§12 II Nr. 1 GewStG) hinzuweisen. Der gewerbekapitalsteuerliche Freibetrag darf hier nicht einbezogen werden (vgl. Fgk).

INHABEREIGENES BETRIEBSVERMÖGEN - BI-

Bi umfaßt die Vermögensteile, die vom Betrieb zwar aufgrund schuldrechtlicher Verträge genutzt werden, sich aber weiter im Eigentum der Inhaber befinden.

Die Berechnung erfolgt analog zu Bu.

INHABERBEZOGENE BEWERTUNGSRECHTLICHE MODIFIKATON - MBI -:

Im Feld Mbi ist die Differenz zwischen dem handelsrechtlichen Ansatz und dem substanzrechtlichen Ansatz, gemäß Bewertungsgesetz, des inhabereigenen Betriebsvermögens (Bi) einzutragen.

INHABERBEZOGENE GEWERBEKAPITALSTEUERLICHE MODIFIKATON - MGKI -:

Hier sind die gewerbekapitalsteuerlichen Modifikationen des inhabereigenen Betriebsvermögens einzugeben. Die Berechnung erfolgt analog zu Mgku.

ANTEILSWERTMODIFIKATION - MA -:

Die Vermögensteuer der Gesellschafter einer Kapitalgesellschaft berechnet sich nicht aus dem Anteil des einzelnen am Einheitswert des Betriebsvermögens, sondern nach dem gemeinen Wert der Anteile. Der gemeine Wert ist aus dem Kurswert, nach dem

Stuttgarter Verfahren, etc. abzuleiten. Die Größe Ma umfaßt die Differenz zwischen dem Wert der gemeinen Anteile und dem Einheitswert des Unternehmens.[61]

UNTERNEHMENSBEZOGENE VERMÖGENSTEUERLICHE MODIFIKATION - MVU -:

Mvu erfaßt die Differenz aus Einheitswert des Betriebsvermögens und der Bemessungsgrundlage der Vermögensteuer. Zu beachten sind hierbei die besonderen Vorschriften der Wertfortschreibung. (§ 22 I BewG, § 16 VStG). Die Freigrenze von 20.000 DM (§ 8 I VStG) wird vom Programm nicht berücksichtigt.

INHABERBEZOGENE VERMÖGENSTEUERLICHE MODIFIKATION - MVI -:

Mvi bezieht sich auf das inhabereigene Betriebsvermögen. Die Berechnung erfolgt analog zu Mvu.

Bei Eingabe des Parameters "-1" in den Eingabefeldern Bu, Mbu, Mgku, Ma und Mvu der Gesellschafter werden diese Werte anteilsmäßig aus den entsprechenden Größen der Gesellschaft ermittelt. Wird eine andere Zuteilung gewünscht, so kann dies durch Eingabe von Beträgen bei den Gesellschaftern geschehen. Eine Konsistenzprüfung mit den Werten der Gesellschaft nimmt das Programm dann nicht vor.

3.5.1.1.3 Freibeträge[62]

EINKOMMENSTEUERLICHER FREIBETRAG - FE -:

Hierunter sind die gesetzlichen Minderungen des einkommensteuerpflichtigen Einkommens zu verstehen. Sie umfassen die Sonderausgaben (§ 10 EStG) ohne die Kirchensteuer (§ 10 I Nr. 4 EStG), da diese in den kombinierten Einkommen- und Kirchensteuerfaktor eingerechnet wird. Weitere Beispiele finden sich in den §§ 19 II; 32 VI,VII,VIII EStG sowie die außergewöhnlichen Belastungen (§33 und 33a EStG).

TARIFLICHER EINKOMMENSTEUERLICHER FREIBETRAG - FT -:

Der tarifliche Freibetrag (Formelfreibetrag) ergibt sich aus dem Einkommensteuertarif (§ 32 a EStG).

Bei Verwendung des vom Programm berechneten Durchschnittssteuersatzes wird er nicht benötigt, da er dort im Steuersatz berücksichtigt wird.

---

61) vgl. Wagner/Dirrigl (1980), S. 164-165, Rose (1992b) S.58.

62) vgl. Rose (1973), S. 106-110; Wagner/Dirrigl (1980), S. 162 und 165; Rose (1992b) S.58-59.

VERMÖGENSTEUERLICHER FREIBETRAG - FV -:

Hier sind die vermögensteuerlichen Freibeträge für natürliche Personen (maximal 70.000 DM) gemäß § 6 VStG und § 110 II,III BewG einzugeben.

VERMÖGENSTEUERLICHER FREIBETRAG DER KAPITALGESELLSCHAFT FÜR BETRIEBSVERMÖGEN - FKBV -:

FkBV ist der vermögensteuerliche Freibetrag für Betriebsvermögen nach § 117 a I BewG (maximal 125.000 DM). Bei Eingabe des Parameters "-1" wird der maximale Ansatz vom Programm berechnet. Hierbei wird zwischen der vermögensteuerlichen Durchschnitts- und der Grenzbetrachtung unterschieden. Ab 1993 beträgt der vermögensteuerliche Freibetrag für Betriebsvermögen 500.000 DM. Dieser Ansatz wird automatisch bei Eingabe des Parameters "-193" gewählt.

VERMÖGENSTEUERLICHER FREIBETRAG DER PERSONENGESELLSCHAFT FÜR BETRIEBSVERMÖGEN - FPBV -:

Die Berechnung erfolgt analog zu FkBV. Er steht jedem Gesellschafter der Personengesellschaft zu.

GEWERBEERTRAGSTEUERLICHER FREIBETRAG - FGE -:

Der gewerbeertragsteuerliche Freibetrag in Höhe von 36.000 DM (§ 11 I Satz 3 Nr. 1 GewStG) darf nur bei Personengesellschaften eingetragen werden. Den maximalen Betrag errechnet das Programm nach Aktivierung durch den Parameter "-1".

Durch das Steueränderungsgesetz 1992 wurde der gewerbeertragsteuerliche Freibetrag auf 48.000 DM angehoben. Darüberhinaus wird eine Staffelung der Meßzahlen (1 - 5 %) beim Gewerbeertrag eingeführt. Aus der Meßzahlstaffelung kann man einen weiteren Freibetrag errechnen. Hierbei wird jede Meßzahlminderung in Abzugsbeträge vom Ausgangswert verwandelt. Für die ersten 24.000 DM Gewerbeertrag ergibt sich eine Erhöhung des ausgewiesenen Freibetrags um (4 (5-1) % von 24.000 DM) 19.200 DM. Insgesamt entsteht so ein maximal zusätzlicher Freibetrag von 48.000 DM (19.200 DM für die erste Stufe, 14.400 DM für die zweite, 9.600 DM für die dritte und 4.800 DM für die vierte Staffel) bei einem Gewerbeertrag von über 144.000 DM.[63] Bei Eingabe des Parameters "-193" errechnet das Programm den maximal möglichen gewerbeertragsteuerlichen Freibetrag für den Zeitraum ab 1993.

---

63) vgl. Rose (1992b), S. 59; König/Kunkel/Stegmaier (1992), S. 992-927.

GEWERBEKAPITALSTEUERLICHER FREIBETRAG - FGK -:

Personen- und Kapitalgesellschaften können den gewerbekapitalsteuerlichen Freibetrag in Höhe von 120.000 DM (§ 13 I Satz 3 GewStG) ansetzen. Der Parameter "-1" aktiviert die Berechnung des maximalen Ansatzes durch das Programm.

3.5.2 Eingabe der Steuertarife / Tarifmodell

Nach Aufruf des Programmteils "Tarifmodell" erscheint folgendes Dateiauswahlfenster.

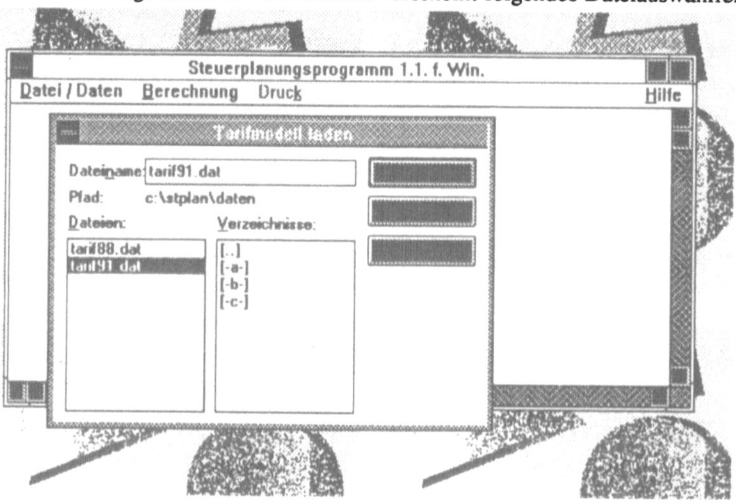

Abb. 15 Tarifmodell laden

Die Abspeicherung erfolgt unter dem eingetragenen Dateinamen. Soll eine Datei neu angelegt werden, so ist der vorgesehene Name bei der Dateiauswahl anzugeben. Auch hier kennzeichnet der erste Buchstabe des Namens den Dateityp. Tarifmodelle müssen mit "T" beginnen. Nach dieser Festlegung kann mit der Eingabe der Steuertarife begonnen werden.

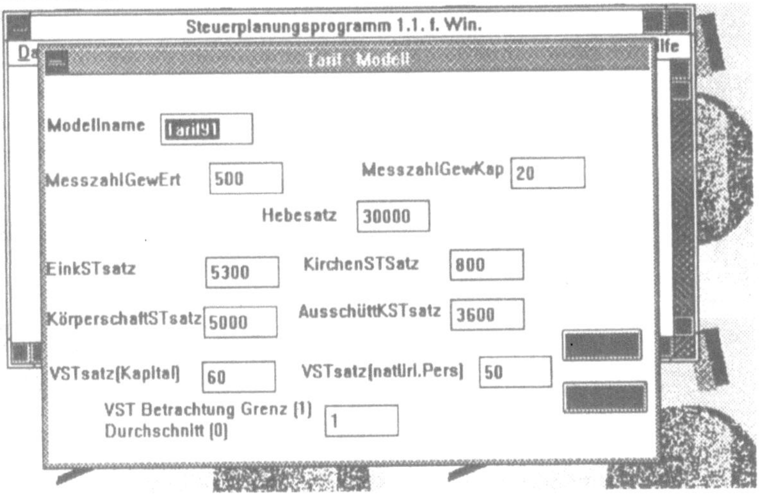

Abb. 16 Datenerfassungsmaske Tarifmodell

Die einzelnen Eingabefelder haben folgende Bedeutung:

MODELLNAME:

Hier sollte der Dateiname des Tarifmodells eingegeben werden. Auf den Auswertungen wird dieser Name als Kennung für das zugrundegelegte Tarifmodell angegeben.

MESSZAHLGEWERT:

Hierbei handelt es sich um die Steuermeßzahl des Gewerbeertrags. Er beträgt 0,02 % (§ 12 II GewStG).

MESSZAHLGEWKAP:

In dieses Feld ist die Steuermeßzahl des Gewerbekapitals einzugeben.

HEBESATZ:

Im Modell ist ein Gewerbesteuerhebesatz von 300 % vorgespeichert.

EINKSTSATZ:

Der allgemein zu verwendende Einkommensteuersatz ist in dieses Feld einzugeben. Er wird nur, wenn bei der jeweiligen Person keine besonderen Anweisungen erteilt werden, wirksam. Bei Eingabe von "-1" wählt das Programm später den einkommensteuerlichen Grenz-Spitzensteuersatz von 53 %.

KIRCHENSTSATZ:

Analog zum Einkommensteuersatz ist auch beim Kirchensteuersatz zu verfahren.

KÖRPERSCHAFTSTSATZ:

Hier ist der Körperschaftsteuersatz im Sinne des § 23 I KStG, also die Tarifbelastung, einzutragen.

AUSSCHÜTTKSTSATZ:

In dieses Feld ist der Ausschüttungsbelastungsteuersatz (§ 27 I KStG) einzugeben.

VSTSATZ(KAPITAL):

Der vorgespeicherte Vermögensteuersatz für Kaptialgesellschaften beträgt 0,6 % (§ 10 Nr. 2 VStG).

VSTSATZNATUR:

Hierunter ist der Vermögensteuersatz für natürliche Personen zu verstehen. Dieser Steuersatz wird auf alle natürlichen Personen angewandt; eine Differenzierung ist nicht möglich. Er beträgt 0,5 % (§ 10 Nr. 1 VStG).

VST-GRENZBETRACHTUNG

Bei Eingabe des Parameters "-1" erfolgt später im Modell der Ausweis der Vermögensteuer als Grenzbetrachtung. Hierbei wird die 25prozentige Anrechnung des Betriebsvermögens beim Freibetrag (§ 117a I BewG) im Steuersatz berücksichtigt. Die Durchschnittsbetrachtung wird mit Hilfe des Parameters "0" aktiviert.

3.5.3 Einlesen gespeicherter Modelle

Innerhalb des Programmsystems besteht die Möglichkeit, bereits früher gespeicherte statische oder dynamische Planungsmodelle wieder einzulesen.

3.5.3.1 statisches Modell laden

Bei Aufruf des Menüpunktes "statisches Modell laden" innerhalb des Menüs "Datei/Daten" werden die abgespeicherten Modelle (Dateiendung ".SMO") zur Auswahl angezeigt. Mit Hilfe der Funktion "Verzeichnis" können sie das Unterverzeichnis wählen, in dem sich die gesuchte Modelldatei befindet.

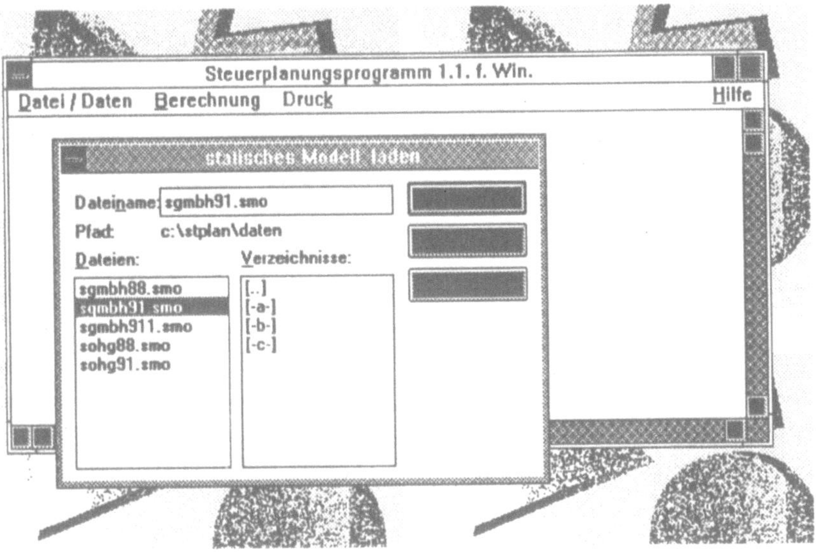

Abb. 17 statisches Modell laden

Nach erfolgreicher Ausführung werden die Modellteilnehmer am Bildschirm zur Bestätigung angezeigt.

3.5.3.2 dynamisches Modell laden

Die abgespeicherten Modelle (Dateiendung ".DMO") werden nach Aufruf des Menüpunktes "dynamisches Modell laden" innerhalb des Menüs "Datei / Daten" zur Auswahl angezeigt. Auch hier ist die Suche in unterschiedlichen Verzeichnissen durch die Funktion "Verzeichnis" möglich.

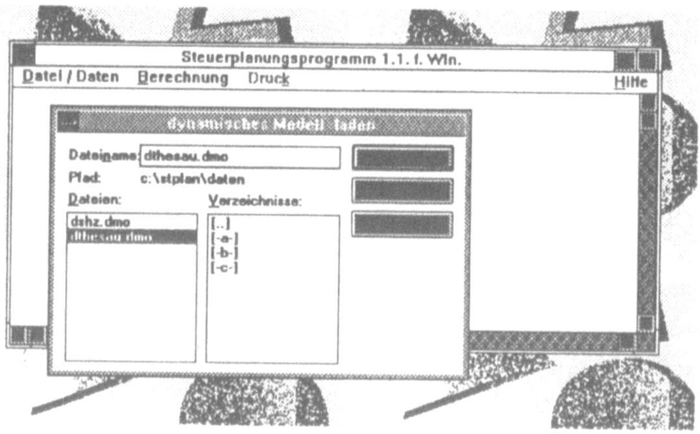

Abb. 18 dynamisches Modell laden

Zur Kontrolle werden die Modellteilnehmer, sowie der Planungsumfang in Perioden am Bildschirm angezeigt.

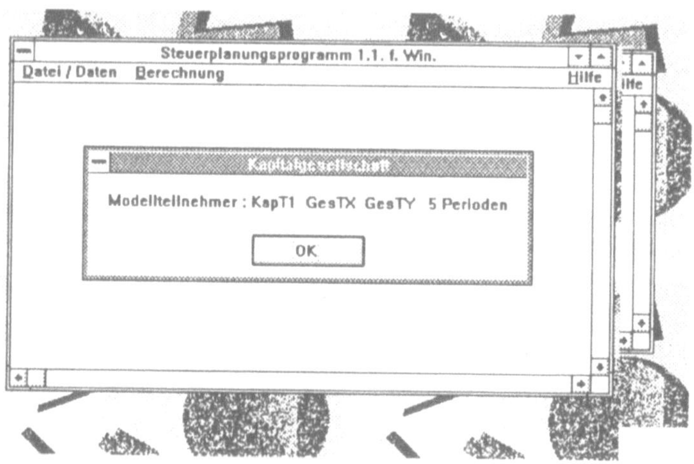

Abb. 19 Modellteilnehmer und Planungshorizont

3.6 Darstellung der Berechnungsroutinen

Das Programm STPLAN für Windows stellt zwei Planungsmodelle - ein statisches und ein dynamisches Steuerplanungsmodell - zur Verfügung. Sie werden nach Anklicken des Menüpunktes "Berechnung" sichtbar. Die Auswahl erfolgt durch Wahl des Punktes "statisches Modell" bzw. "dynamisches Modell"

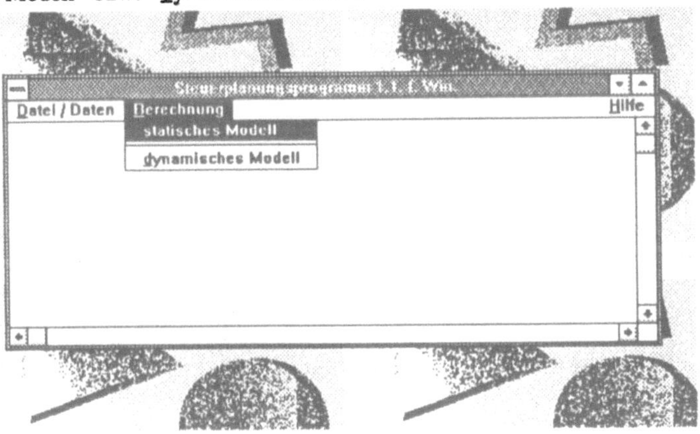

Abb. 20 Programmfunktion "Bearbeiten"

3.6.1 Aufruf der Berechnungsroutinen

Nach Aufruf des gewünschten Planungsmodells (statisch oder dynamisch) wird der Anwender zunächst zur Eingabe des Unternehmens/Gesellschafts-Teilmodellnamens aufgefordert. Weiter wird dem Anwender, in Abhängigkeit von der Anzahl der Gesellschafter des Unternehmens, die Eingabe von Gesellschafter-Teilmodellnamen ermöglicht. Die Auswahl kann durch Anklicken des Dateinames (z.B. gesak.dat) vereinfacht werden. Sie ist mit OK zu bestätigen.

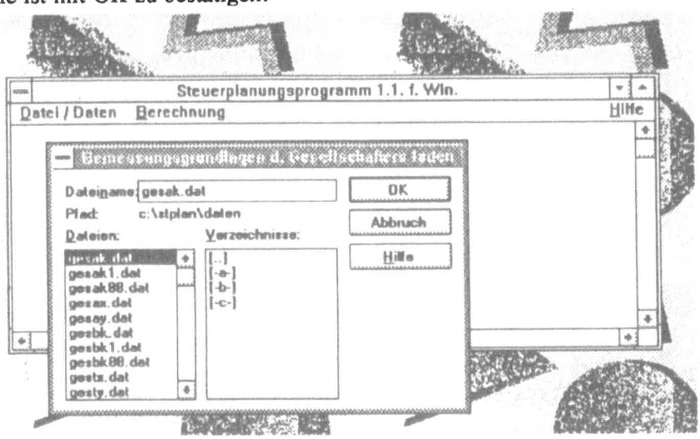

Abb. 21 Aufruf der Bemessungsgrundlagenteilmodule

Das Programm überprüft sofort, ob die Dateien der angegebenen Teilmodelle existieren. Ist dies nicht der Fall, erfolgt eine Aufforderung zur Neueingabe des Namens.

Im Anschluß an die Gesellschafts-Gesellschafter-Teilmodelle ist das Tarifmodell anzugeben.

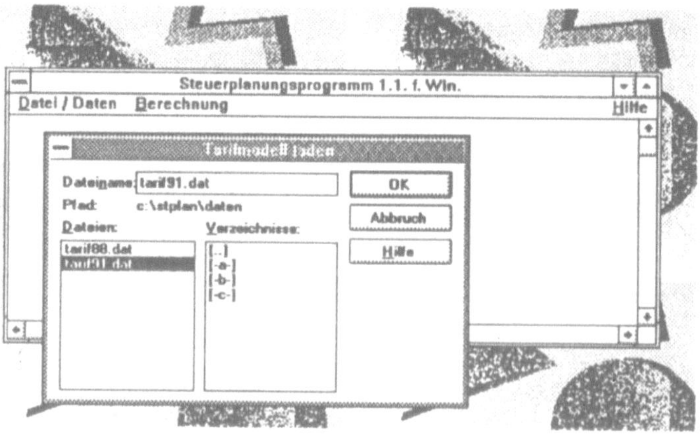

Abb. 22 Auswahl des Tarifmodells

Danach werden vom Programm Plausibilitätsprüfungs- und erste Aufbereitungsroutinen aufgerufen.

Soll eine Steuerplanung ausschließlich für eine natürliche Person - ohne Betrachtung der betrieblichen Sphäre - durchgeführt werden, so ist zunächst der Dateiname mit den Daten dieser Person anzuklicken. Die weitere Vorgehensweise erfolgt analog. Eine gleichzeitige Betrachtung mehrerer Personen ist dann allerdings nicht möglich.

In jedem Fall sind die Anfangsbestände des verwendbaren Eigenkapitals der Bereiche EK50, EK36 und EK0 einzugeben. Falls eine Personengesellschaft Gegenstand des Steuerplanungskalküls ist, sind die Anfangsbestände mit null zu besetzen.

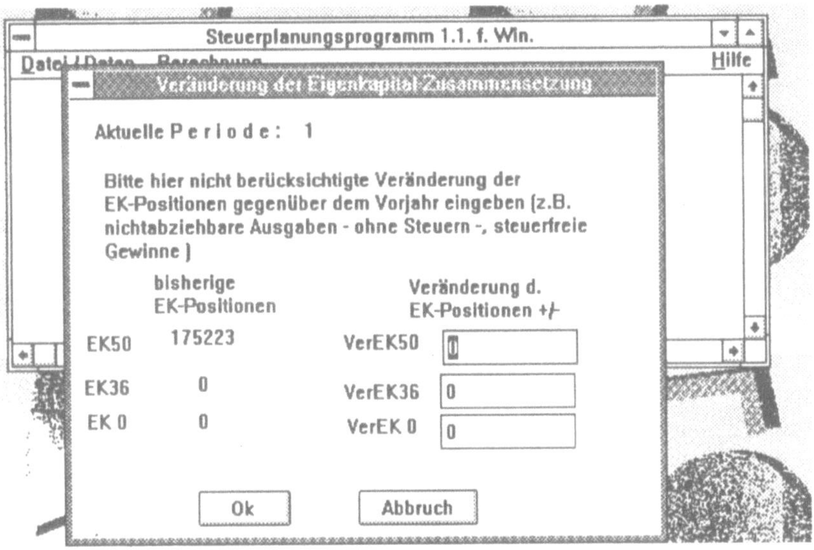

Abb. 23 Eigenkapitalanfangsbestände

3.6.1.1 Besonderheiten der statischen Version

Ist die Summe der Anteile der Gesellschafter am Unternehmen ungleich 100 %, wird der Programmlauf abgebrochen. In den ersten Aufbereitungsroutinen werden die inhabereigenen Bemessungsgrundlagen der Gesellschafter aufaddiert und die Summe der Gesellschaft übergeben. Im einzelnen sind dies Bi, Mbi, Mvi, Mgki und L. Die unternehmenseigenen Bemessungsgrundlagen der Gesellschaft werden auch den Gesellschaftern entsprechend ihren Anteilen zugewiesen. Dies betrifft die Bemessungsgrundlagen Bu, Mbu, Mgku, Ma, Mvu, R, Me und Mge. Mit Hilfe dieser "automatischen" Addition bzw. Verteilung werden der Gesellschaft bzw. den Gesellschaftern benötigte Daten der jeweiligen anderen Teil-Modelle zur Verfügung gestellt. Die Fehlerquelle der manuellen Eingabe kann so ausgeschaltet werden.

Um einen Teil der auftretenden zeitlich-vertikalen Interdependenzen während der Simulation möglichst einfach bearbeiten zu können, wurde die Möglichkeit geschaffen, Veränderungen des Betriebvermögens (Bu), z.B. durch unerwartet hohe oder niedrige Steuerzahlungen, einzugeben. Der zeitraubende Aufruf des Erfassungsteils kann in diesen Fällen vermieden werden.

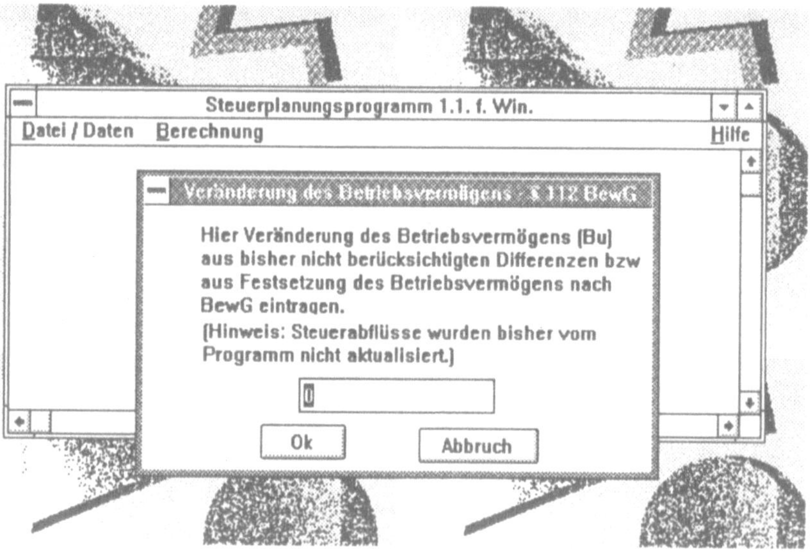

Abb. 24 Veränderungen des Betriebsvermögens

In Abhängigkeit vom ersten Buchstaben des Namens des Teilmodells wird seine Rechtsform[64] festgelegt.

Eine Schleifenkonstruktion gewährleistet, daß zunächst das Unternehmensmodell und erst dann die einzelnen Gesellschafter abgearbeitet werden. Die Abarbeitung erfolgt differenziert für die oben genannten vier Gruppen. In der Matrix der statischen Version erhält das Unternehmen die ersten sechs Spalten. Die Gesellschafter schließen sich mit jeweils sechs Spalten an. Die erste der dem jeweiligen Modell zugeteilten Spalten enthält die Teilsteuerbemessungsgrundlagen. Die bemessungsgrundlagenbezogene Gesamt-Teilsteuersumme der jeweiligen Teilmodelle werden vom Programm nach Berechnung aller Teilmodelle der Periode ermittelt und jeweils in die sechste Spalte eingetragen.

Im einzelnen unterscheidet das Programm bei seinen Berechnungen folgende Fälle:

A) KAPITALGESELLSCHAFT

Zunächst wird die Vermögensteuer aufgerufen, da sie nichtabzugsfähig ist, und an der zweiten Matrixspalte abgelegt. Als nächstes folgt die Gewerbekapitalsteuer, die für die Berechnung der Gewerbeertrag- und der Körperschaftsteuer benötigt wird. Sie steht in der dritten Spalte der Matrix. Die Ergebnisse der Gewerbeertragsteuerberechnung werden in der vierten Matrixspalte gespeichert. Bei der Berechnung der Körper-

64) Rechtsform bezeichnet hier die unterschiedlichen Eigenschaften der Teilmodelle z.B. Kapitalgesellschaft, Gesellschafter, etc.

schaftsteuer wird auf Ergebnisse der Gewerbekapital- und Gewerbeertragsteuerberechnung zurückgegriffen. Sie wird in der fünften Spalte gespeichert.

B) PERSONENGESELLSCHAFT

Der Personengesellschaft werden nur die Gewerbekapital- und die Gewerbeertragsteuer direkt zugeordnet. In die Matrix werden sie, analog zum Vorgehen bei der Kapitalgesellschaft, in die dritte bzw. vierte Spalte der Matrix eingetragen.

C) GESELLSCHAFTER EINER KAPITALGESELLSCHAFT

Zuerst wird die Vermögensteuer berechnet und in der zweiten Matrixspalte eingetragen. Die Körperschaftsteueranrechnung für Ausschüttungen ist nicht in die Einkommensteuerermittlung integriert, sondern wird explizit in der vierten Spalte ausgewiesen. Die berechnete Einkommensteuer wird in der fünften Spalte der Matix abgelegt.

D) GESELLSCHAFTER DER PERSONENGESELLSCHAFT

Die Vermögensteuer bzw. Einkommen-/Kirchensteuer wird in der ersten bzw. fünften Matrixspalte gespeichert.

In der statischen Version können bis zu sechs Gesellschafter berücksichtigt werden. Die Gesamt-Teilsteuerbeträge des Betriebes werden seperat ermittelt.

Nach Abschluß der Berechnungen kann das Steuerplanungsmodell abgespeichert - und damit später jederzeit wieder geladen - werden. (Dateiendung: SMO)

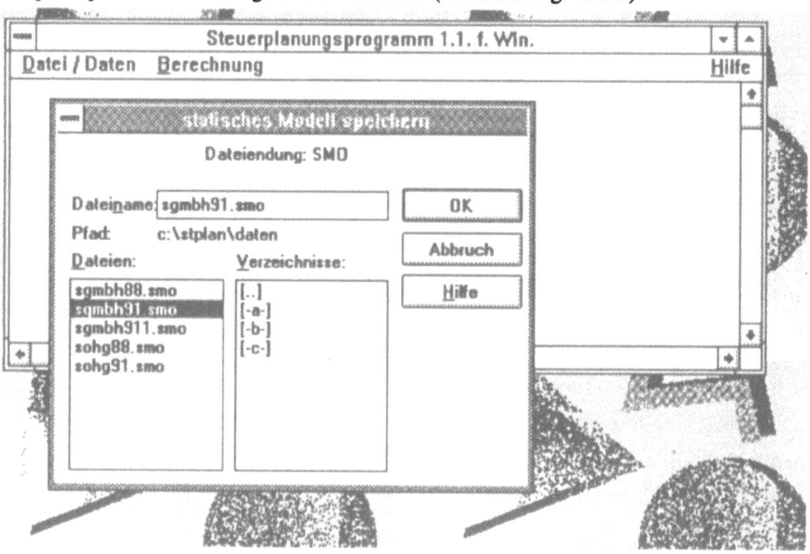

Abb. 25 statisches Modell speichern

Hierbei kann entweder ein neuer Name vergeben oder ein altes Modell überschrieben werden. Im letzeren Fall fordert das Programm eine zusätzliche Bestätigung durch den Anwender. Der Ort der Speicherung, d.h. ein spezielles Unterverzeichnis, wird durch die Funktion "Verzeichnis" ausgewählt.

3.6.1.2 Besonderheiten der dynamischen Analyse

Das dynamische Steuerplanungsprogramm fragt zunächst nach der Anzahl der einzubeziehenden Perioden. Es können bis zu zehn Perioden gewählt werden.

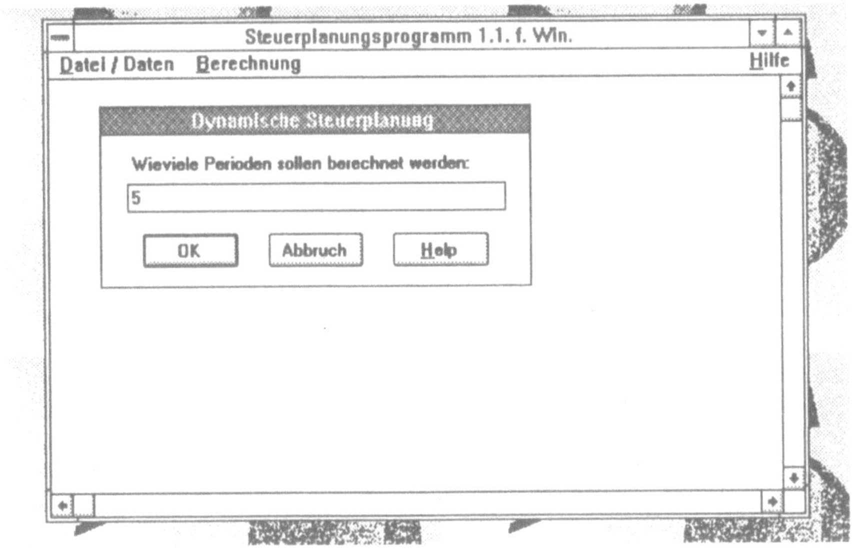

Abb. 26 Planungshorizont wählen

Sie basiert auf dem statischen Modell. Hier wird zusätzlich zur Matrix der statischen Version, die jede Periode neu aufgebaut wird, eine eigene Matrix erstellt. Die Steuerträger-, Steuerartenwerte und die Bemessungsgrundlagen des statischen Modells werden je Periode in diese Matrix übertragen. Die Matrix der dynamischen Version bleibt während der ganzen Simulation bestehen.

Da sich der Algorithmus der Fortschreibung an den Spaltennummern orientiert, ist darauf zu achten, daß die Teilmodelle in **jeder Periode** in der **gleichen Reihenfolge** aufgerufen werden.

Zur Laufzeit ist jeweils der Kalkulationszinsfuß nach Steuern dieses Zeitschritts einzugeben.

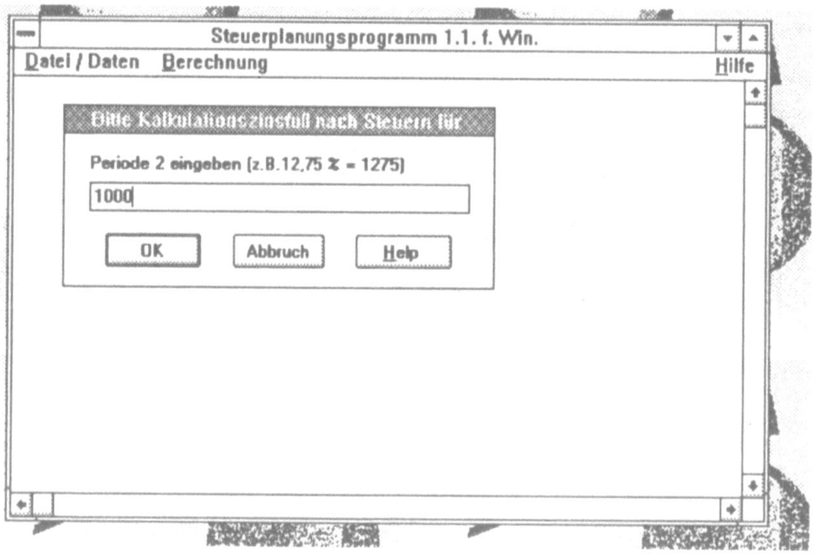

Abb. 27 Kalkulationszinsfuß nach Steuern je Periode

A) BERECHNUNG DES DISKONTIERUNGSFAKTORS:

Der Diskontierungsfaktor (q^t) der jeweiligen Periode errechnet sich aus dem Kalkulationszinsfuß nach Steuern ($i_S{}^t$) nach folgendem Algorithmus:

$$q^{t=0} = 0$$

$$q^t = q^{t-1} * \frac{1}{1 + i_S{}^t}$$

Er wird zur Kontrolle während des Berechnungslaufes am Bildschirm angezeigt.

Abb. 28 Diskontierungsfaktor

B) ÜBERNAHME DER STATISCHEN DATEN UND DEREN DISKONTIERUNG

Die Bemessungsgrundlagen und die berechneten Steuerträger- und Steuerartenbelastungen der Periode werden von der statischen Matrix in die der dynamischen Version übertragen und diskontiert. Jedes Teilmodell hat pro Zeitschritt vier Spalten zur Verfügung. Die erste Spalte enthält den nominalen Wert der Bemessungsgrundlage, die zweite den diskontierten Betrag. Die dritte und vierte Spalte enthalten die nominalen bzw. abgezinsten Steuerträger- und Steuerartenbelastungen.

In bis zu zehn Perioden können jeweils neben der Gesellschaft bis zu fünf Gesellschafter berücksichtigt werden.

C) FORTSCHREIBUNG DER STEUERTRÄGER- UND STEUERARTENBELASTUNG SOWIE DER BEMESSUNGSGRUNDLAGEN

Die Steuerträger-, die Steuerartenbelastung und die Werte der Bemessungsgrundlagen werden sowohl für jedes Teilmodell als auch für die betriebliche, private und gesamte Sphäre aufsummiert und können später analysiert werden.

Nach Abschluß der Berechnungen kann das Steuerplanungsmodell abgespeichert - und damit später jederzeit wieder geladen - werden. (Dateiendung: ".DMO")

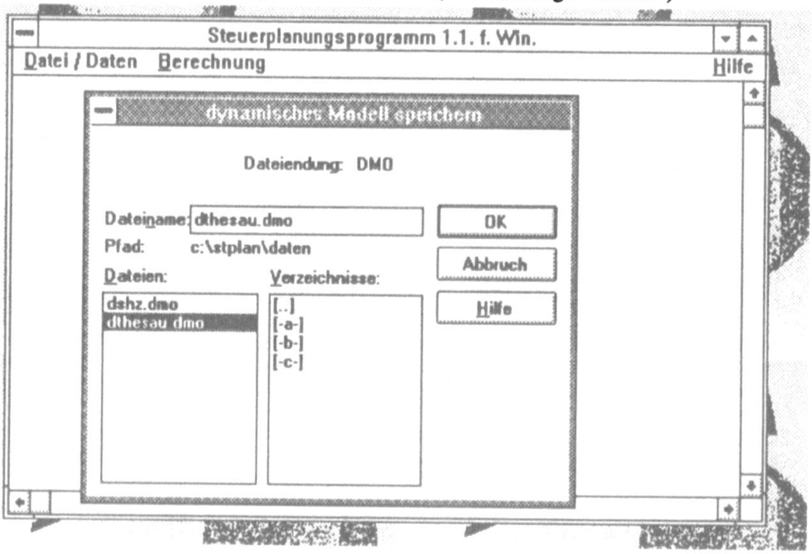

Abb. 29 dynamisches Modell speichern

Hierbei kann entweder ein neuer Name vergeben oder ein altes Modell überschrieben werden. Im letzeren Fall fordert das Programm eine zusätzliche Bestätigung durch den Anwender. Gleichzeitig kann mit Hilfe der Funktion "Verzeichnis" das Unterverzeichnis bestimmt werden, in welches das Modell abgelegt wird.

3.6.2 Aufbereitung der Steuertarife zu Steuerartfaktoren

Die Steuertarife werden vom Programm zu Steuerartfaktoren[65] aufbereitet. Wurde dem Steuertarif der Parameter "-1" zugeteilt, so wird ihm hier der vorgespeicherte Wert zugewiesen.

Desweiteren werden die in ganzen Hundertstelprozent eingegebenen Beträge in dezimale Werte umgewandelt.

Im einzelnen werden folgende Steuerartfaktoren gebildet:

GEWERBEKAPITALSTEUERFAKTOR - SGK -

sgk = (MesszahlGewKap / 10000) * (Hebesatz / 10000)

[65]) vgl. Rose (1973), S. 70.

GEWERBEERTRAGSTEUERFAKTOR - SGE -

Der Gewerbeertragsteuerfakor ist der Steuerfakor, der sich nach Abzug der Gewerbeertragsteuer als Betriebsausgabe von ihrer eigenen Bemessungsgrundlage ergibt. Die Abzugsfähigkeit wird hierbei im Steuerfaktor berücksichtigt.

$$sge = \frac{(MesszahlGewErt / 10000) * (Hebesatz / 10000)}{(1 + (MesszahlGewErt/10000)) * (Hebesatz/10000)}$$

KOMBINIERTER EINKOMMEN- UND KIRCHENSTEUERFAKTOR - SE -

Hierbei wird beachtet, daß die gezahlte Kirchensteuer unbeschränkt als Sonderausgabe abzugsfähig ist (§ 10 I Nr. 4 EStG). Weiter wird angenommen, daß die gezahlte Kirchensteuer gleich der geschuldeten ist.[66]

$$se = \frac{sek * (1 + ski)}{1 + ski * sek}$$

KÖRPERSCHAFTSTEUERSATZ (TARIFBELASTUNG) - SKN -

$$skn = (KoerpNSTSatz / 10000)$$

AUSSCHÜTTUNGSSATZ DER KÖRPERSCHAFTSTEUER (BEZOGEN AUF A) - SKA -

$$ska = \frac{(Ausschüttungsbelastung / 10000)}{(1 - (Ausschüttungsbelastung/10000))}$$

VERMÖGENSTEUERSATZ FÜR JURISTISCHE PERSONEN - SV -

$$sv = VSTsatz / 10000$$

VERMÖGENSTEUERSATZ FÜR NATÜRLICHE PERSONEN - SVN -

$$svn = VSTsatznatur / 10000$$

66) vgl. Rose (1973), S. 73-74; Wagner/Dirrigl (1980), S. 168.

3.6.3 Berechnung der Teilsteuerkomponenten

Das Steuerungsprogramm übergibt die Teilsteuer-Bemessungsgrundlagen an die jeweiligen Steuerartenberechnungsmodule. Zurück erhält es die Teilsteuerbeträge der betreffenden Steuerart.

In den nachfolgenden Kapiteln werden die einzelnen Steuerartenberechnungsmodule dargestellt. Für diese Darstellung werden die Teilsteuerbeträge der verschiedenen Steuerarten durch ein vorangestelltes "S" (z.B. SR, SBu, SFv, usw.) gekennzeichnet. Sie beinhalten dabei den Betrag der Be- bzw. Entlastung durch die jeweilge Steuerart, bezogen auf die angesprochen Bemessunggrundlage.

Für jede Steuerartbelastung wird ein eigener Bezeichner (z.B. VST) eingeführt. Dadurch kann die Steuerbelastung je Steuerart gesondert ausgewiesen werden. Ist eine Bemessungsgrundlage der Gesellschaft aus den Beträgen der Gesellschafter aufzuaddieren, oder errechnet sich eine Bemessunggrundlage der Gesellschafter aus dem Betrag der Gesellschaft, so wird dies vom Programm automatisch durchgeführt.

Die nachfolgenden Abschnitte erläutern die Berechnungsroutinen der einzelnen Steuerarten. Hierbei wurde, sofern der Sachzusammenhang eindeutig ist, auf die Hinzufügung von Indizes verzichtet. Auf diese Weise konnte die Lesbarkeit des Textes erhöht werden.

3.6.4 Vermögensteuer-Berechnung

Die Vermögensteuer-Berechnungsroutine ermittelt die Teilsteuerartbeträge der Vermögensteuer. Sie führt alternativ die vermögensteuerliche Durchschnitts- oder Grenzbetrachtung durch. Im ersten Fall wird der Freibetrag für Betriebsvermögen (FkBV, bzw. FpBV) mit 125.000DM + 0,25 * (Betriebsvermögen - 125.000) angesetzt. In der Grenzbetrachtungsversion erfolgt die Berücksichtigung der 25prozentigen Anrechnung durch den mit 0,75 mulitplizierten Steuersatz. Als Freibetrag werden in diesem Fall nur 125.000 DM ausgewiesen.

Das Programm berechnet, sofern diese Funktion aktiviert wurde, den maximalen Ansatz der Freibeträge. Zu diesem Zweck werden die Bemessungsgrundlagen der einzelnen Freibeträge (FkBV,FkpV und Fv) aufaddiert und zwischengespeichert (SummeFkBV,SummeFpBV und SummeFv).

Die Steuerartbelastung wird in der Variablen VST aufsummiert.

Im einzelnen unterscheidet das Modul folgende Berechnungsfälle:

Kapitalgesellschaft:

Die Kapitalgesellschaft ist unbeschränkt vermögensteuerpflichtig (§ 1 I Nr. 2 a VStG). Das vermögensteuerpflichtige Vermögen[67] setzt sich aus dem unternehmenseigenen Be-

[67]) vgl. Rose (1992b), S. 121.

triebsvermögen (Bu), den unternehmensbezogenen bewertungsrechtlichen Modifikationen (Mbu) sowie den unternehmensbezogenen vermögensteuerlichen Modifikationen (Mvu) zusammen. Es gibt keinen vermögensteuerlichen Freibetrag. Allerdings wird nach § 117a I BewG ein Freibetrag von 125.000 DM (ab 1993: 500.000 DM) gewährt. Der übersteigende Betrag ist mit 75 % anzusetzen. Die nachfolgenden Berechnungen gehen von der Annahme der Überschreitung der Besteuerungsgrenze von 20.000 DM (§ 8 I VStG) aus.

Zunächst zur Berechnung des maximalen vermögensteuerlichen Freibetrags für Betriebsvermögen.

Das vermögensteuerpflichtige Vermögen besteht aus Bu, Mbu und Mvu (SummeFkBV). Bei der Berechnung des FkBVs ist nun zu differenzieren zwischen:

1. SummeFkBV => 125.000 DM

   a) Durchschnittsbetrachtung:

      FkBV = 125.000 + 0,25 * (SummeFkBV - 125.000)

   b) Grenzbetrachtung:

      FkBV = 125.000

2. SummeFkBV < 125.000

   für Durchschnitts- und Grenzbetrachtung

   FkBV = SummeFkBV

Die Teilsteuerartgleichung gliedert sich damit folgendermaßen:

a) Durchschnittsbetrachtung

SBu = Bu * sv

SMbu = Mbu * sv

SMvu = Mvu * sv

SFkBV = FkBV * -sv

VST = SBu + SMbu + SMvu + SFkBV

b) Grenzbetrachtung

svg = 0,75 * sv

SBu = Bu * svg

SMbu = Mbu * svg

SMvu = Mvu * svg

SFkBV = FkBV * -svg

VST = SBu + SMbu + SMvu + SFkBV

Gesellschafter einer Kapitalgesellschaft (natürliche Person)

Die Bemessungsgrundlage der Vermögensteuer setzt sich hier aus dem steuerlichen Wert der Beteiligung an der Gesellschaft und dem steuerlichen Wert des inhabereigenen Betriebsvermögens zusammen.

Der steuerliche Wert des Unternehmensanteils berechnet sich aus dem Anteil am Einheitswert der Kapitalgesellschaft (Bu + Mbu) und der Anteilswertmodifikation (Ma).[68] Aus dem Einheitswert des inhabereigenen Betriebsvermögens (Bi + Mbi), korrigiert um vermögensteuerliche Modifikationen zu Bi (Mvi), errechnet sich der steuerliche Wert des inhabereigenen Betriebsvermögens. Das vermögensteuerpflichtige Vermögen (SummeFv) besteht somit aus Bu, Mbu, Ma, Bi, Mbi und Mvi. Es gibt keinen vermögensteuerlichen Freibetrag für Betriebsvermögen. Allerdings ist der vermögensteuerliche Freibetrag für natürliche Personen (Fv) in Höhe von 70.000 DM zu berücksichtigen (§ 6 I VStG). Der maximale Ansatz wird vom Programm folgendermaßen errechnet.

SummeFv > 70.000
  Fv = 70.000
SummeFv < = 70.000
  Fv = SummeFv

Für die Gesellschafter der Kapitalgesellschaft ergeben sich folgende Bestandteile der Teilsteuerartgleichung der Vermögensteuer:

SBu = Bu * svn

SMbu = Mbu * svn

SMa = Ma * svn

SBi = Bi * svn

SMbi = Mbi * svn

SMvi = Mvi * svn

SFv = Fv * -svn

VST = SBu + SMbu + SMa + SBi + SMbi + SMvi + SFv

68) vgl. Rose (1992b), S. 126.

Gesellschafter einer Personengesellschaft (natürliche Person)

Das vermögensteuerpflichtige Vermögen resultiert aus dem Wert des Anteils am Betriebsvermögen (Bu) und dem inhabereigenen Betriebsvermögen (Mbi). Diese Größen sind um die bewertungsrechtlichen Modifikationen (Mbu und Mbi) und die vermögensteuerlichen Modifikationen (Mvu und Mvi) zu korrigieren.[69] Das vermögensteuerpflichtige Vermögen (SummeFpBV, SummeFv) setzt sich somit aus Bu, Mbu, Mvu, Bi, Mbi und Mvi zusammen und wird in den Variablen FpBV und Fv abgespeichert. Jedem Gesellschafter einer Personengesellschaft ist ein Freibetrag (FpBV) in Höhe von 125.000 DM (ab 1993: 500.000 DM) einzuräumen (§ 117 a I BewG). Das übersteigende vermögensteuerpflichtige Vermögen ist nur mit 75% anzusetzen. Darüber hinaus wird ihm, als natürliche Person, ein vermögensteuerlicher Freibetrag (Fv) in Höhe von 70.000 DM (§ 6 I VStG) gewährt.

Bei der Berechnung des maximalen Ansatzes des vermögensteuerlichen Freibetrags für Betriebsvermögen in Einzelunternehmen und Personengesellschaften (FpBV) unterscheidet das Programm folgende Fälle.

1. SummeFpBV > 125.000

   a) Durchschnittsbetrachtung

      FpBV = 125.000 + 0,25 * (SummeFpBV - 125.000)

   b) Grenzbetrachtung:

      FpBV = 125.000

2. SummeFpBV <= 125.000

   Durchschnitts- und Grenzbetrachtung

      FpBV = SummeFpBV

Um auch bei Grenzbetrachtung - im Bereich zwischen 125.000 und 218.333 DM vermögensteuerpflichtigen Vermögen - den richtigen vermögensteuerlichen Freibetrag Fv auszuweisen, ist die Berechnung des FpBV nach der Durchschnittsbetrachtung und dessen Zwischenspeicherung (FpBVUr) notwendig.

Fv berechnet sich dann wie folgt:

SummeFv - FpBVUr > 70.000

  Fv = 70.000

SummeFv - FpBVUr <= 70.000

  Fv = SummeFv - FpBVUr

---

69) vgl. Rose (1992b), S. 93.

Bei der Berechnung der Teilsteuerartbeträge der Vermögensteuer sind zwei Fälle zu differenzieren:

a) Durchschnittsbetrachung

SBu = Bu * svn

SMbu = Mbu * svn

SMvu = Mvu * svn

SBi = Bi * svn

SMbi = Mbi * svn

SMvi = Mvi * svn

SFpBV = FpBV * -svn

SFv = Fv * -svn

b) Grenzbetrachtung:

svng = 0,75 * svn

SBu = Bu * svng

SMbu = Mbu * svng

SMvu = Mvu * svng

SBi = Bi * svng

SMbi = Mbi * svng

SMvi = Mvi * svng

SFpBV = FpBV * -svng

SFv = Fv * -svn

Die Vermögensteuerartbelastung ist damit für beide Fälle:

VST = SBu + SMbu +SMvu + SBi + SMbi + SMvi + SFpBV + SFv

Personengesellschaft

Die Vermögensteuer knüpft an der Person des Steuerpflichtigen an. Die Personengesellschaft ist nicht vermögensteuerpflichtig.

3.6.5 Gewerbekapitalsteuer-Berechnung

Die Gewerbekapitalsteuer ist die zweite in das Steuerplanungsmodell einbezogene Substanzsteuer. Ausgangspunkt dieser Berechnungen ist der Einheitswert des gewerblichen

Betriebs (§ 12 I,V GewStG).[70] Zu beachten ist der Freibetrag (§ 13 I Satz 3 GewStG). Der maximale Freibetrag von 120.000 DM wird erreicht, sobald das errechnete Gewerbekapital 120.000 DM übersteigt. Seine Berücksichtigung darf zu keiner negativen Bemessungsgrundlage des Gewerbekapitals führen. Ist das errechnete Gewerbekapital niedriger, so wird der Freibetrag mit ihm gleichgesetzt. Die Gewerbekapitalsteuerschuld wird dann zu Null. Die Steuerartbelastung wird in der Variable "GewKST" aufsummiert.

Das Steuersubjekt ist der Gewerbebetrieb. Er wird der betrieblichen Sphäre zugerechnet. Es sind damit folgende zwei Fälle zu differenzieren:

KAPITALGESELLSCHAFT

Berechnungsgrundlage stellt hier der Einheitswert des gewerblichen Betriebs plus Hinzurechnungen minus Kürzungen (§ 12 GewStG) dar. Der Einheitswert des Betriebs ergibt sich aus dem unternehmenseigenen Betriebsvermögen (Bu) und den bewertungsrechtlichen Modifikationen zu Bu (Mbu). Der Saldo der Hinzurechnungen und Kürzungen wird in den gewerbekapitalsteuerlichen Modifikationen zu Bu (Mgku) erfaßt. Das errechnete Gewerbekapital besteht damit aus Bu, Mbu und Mgku. Berücksichtigt wird außerdem der gewerbekapitalsteuerliche Freibetrag (Fgk).

Die Teilsteuerbestandteile der Gewerbekapitalsteuer errechnen sich folgendermaßen:

$$SBu = Bu * sgk$$

$$SMbu = Mbu * sgk$$

$$SMgku = Mgku * sgk$$

$$SFgk = Fgk * -sgk$$

$$GewKST = SBu + SMbu + SMgku + SFgk$$

PERSONENGESELLSCHAFT

Berechnungsgrundlage ist auch hier der Einheitswert des Gewerbekapitals modifiziert um Hinzurechnungen und Kürzungen (§ 12 GewStG). Zu beachten ist in diesem Fall aber, daß außer den unternehmenseigenen Größen Bu, Mbu und Mgku auch das nicht in der Handelsbilanz ausgewiesene notwendige inhabereigene Betriebsvermögen aller Gesellschafter einzubeziehen ist.[71] Dieses setzt sich aus dem inhabereigenen Betriebsvermögen (Bi), korrigiert um die bewertungsrechtlichen Modifikationen zu Bi (Mbi) und den gewerbekapitalsteuerlichen Modifikationen zu Bi (Mgki) zusammen. Das errechnete Gewerbekapital ist in diesem Fall die Summe aus Bu, Mbu, Mgku, Bi, Mbi und Mgki.

70) vgl. Rose (1988) S. 138.
71) vgl. Rose (1992b), S. 93; Rose (1988) S. 138.

Auch die Personengesellschaft kann einen gewerbekapitalsteuerlichen Freibetrag (Fgk) in Höhe von 120.000 DM beanspruchen (§ 13 I Satz 3 GewStG). Zur Berechnung vergleiche oben.

Im einzelnen ergeben sich folgende Gewerbekapitalteilsteuern:

SBu = Bu * sgk

SMbu = Mbu * sgk

SMgku = Mgku * sgk

SBi = Bi * sgk

SMbi = Mbi * sgk

SMgki = Mgki * sgk

SFgk = Fgk * -sgk

GewKST = SBu + SMbu + SMgku + SBi + SMbi + SMgki + SFgk

3.6.6 Gewerbeertragsteuer-Berechnung

Bemessungsgrundlage zur Berechnung der Gewerbeertragsteuer ist der Gewerbeertrag (§ 7 GewStG). Dieser ist um Hinzurechnungen (§ 8 GeweStG) und Kürzungen (§ 9 GewStG) zu modifizieren. Der Gewerbeertrag ist der nach den Vorschriften des Einkommensteuergesetzes ermittelte Gewinn. Er errechnet sich allgemein aus dem handelsrechtlichen Reinertrag (R) erhöht um einkommensteuerliche (Me) und eventuell körperschaftsteuerliche (Mk) Modifikationen, vermindert um Leistungsvergütungen (L), abziehbare Steuern sowie korrigiert um die gewerbeertragsteuerlichen Modifikationen (Mge). Die abziehbaren Steuern setzen sich aus der Gewerbekapital- und der Gewerbeertragsteuer zusammen. Die Abzugsfähigkeit der Gewerbeertragsteuer von ihrer eigenen Bemessungsgrundlage wird im Gewerbeertragsteuerfaktor berücksichtigt.[72] Die Ablaufsteuerung gewährleistet, daß vor dem Gewerbeertragsmodul das Gewerbekapitalsteuermodul durchlaufen wurde. Durch Einfügen der Gewerbekapitalsteuer in die Gewerbeertragssteuergleichung wird die Abzugsfähigkeit der Gewerbekapitalsteuer realisiert.[73] Sollte keine Gewerbekapitalsteuer angefallen sein, so bewirkt der gewerbekapitalsteuerliche Freibetrag Fgk, daß die Steuerbelastung durch den Gewerbeertrag nicht verfälscht wird. Die Steuerartbelastung der Gewerbeertragsteuer wird in der Variable GewEST gespeichert.

Auch die Gewerbeertragssteuer fällt ausschließlich in die betriebliche Sphäre. Es sind somit zwei Fälle zu unterscheiden.

---

[72]) vgl. Kapitel 3.6.2.

[73]) vgl. Rose (1992b), S. 94.

KAPITALGESELLSCHAFT

Der Gewerbeertrag (§ 7 GewStG) leitet sich hier aus dem körperschaftsteuerlichen Einkommen ab. Leistungen zwischen der Kapitalgesellschaft und den Gesellschaftern werden anerkannt.[74] Vom Reinertrag (R), korrigiert um Me und Mk, sind demnach die Leistungsvergütungen L und die abzugsfähigen Steuern abzuziehen. Die Vermögen- und die Körperschaftsteuer sind nicht abzugsfähig (§ 10 Nr. 2 KStG). Einzubeziehen sind weiterhin die gewerbeertragsteuerlichen Modifikationen (Mge) (§§ 8 und 9 GewStG). Kapitalgesellschaften können keinen gewerbeertragssteuerlichen Freibetrag geltend machen.

Die Teilsteuerartgleichung des Gewerbeertrags gliedert sich wie folgt:

SR = R * sge

SMe = Me * sge

SMk = Mk * sge

SMge = Mge * sge

SL = L * -sge

- Abzugsfähigkeit der Gewerbekapitalsteuer:

SBu = (Bu * sgk) * -sge

SMbu = (Mbu * sgk) * -sge

SMgku = (Mgku * sgk) * -sge

SFgk = (Fgk * -sgk) * -sge

GewEST = SR + SMe + SMk + SMge + SL + SBu + SMbu + SMgku + SFgk

PERSONENGESELLSCHAFT

Ausgangspunkt ist auch hier der Gewerbeertrag (§ 7 GewStG). In diesem Fall leitet er sich aus dem einkommensteuerlichen Gewinn ab. Er errechnet sich aus R zuzüglich den einkommensteuerlichen Modifikationen (Me) abzüglich abziehbarer Steuern sowie zuzüglich den gewerbeertragsteuerlichen Modifikationen (Mge) (§§ 8 und 9 GewStG). Zu beachten ist hier, daß Leistungsvergütungen (L) an die Gesellschafter nicht berücksichtigt werden dürfen.[75] Der errechnete Gewerbeertrag setzt sich somit aus R + Me + Mge - Gewerbekapitalsteuer zusammen. Der Personengesellschaft wird ein gewerbeertragsteuerlicher Freibetrag (Fge) in Höhe von maximal 36.000 DM (ab 1993: 48.000 DM) gewährt (§ 11 I Satz 3 Nr. 1 GewStG). Der Ansatz dieses Freibetrags darf

74) vgl. Rose (1992b), S. 121.
75) vgl. Rose (1992b), S. 94-95.

jedoch zu keinem Verlust führen. Ist der errechnete Gewerbeertrag (SummeFge) kleiner als 36.000 DM, so wird Fge mit ihm gleichgesetzt. In diesem Fall wird die Gewerbeertragsteuerschuld Null.[76] Durch das Steueränderungsgesetz 1992 wurde außerdem ab 1993 für Einzelunternehmen und Personengesellschaften eine Staffelung der Meßzahlen beim Gewerbeertrag eingeführt. Im Anschluß an den Freibetrag von 48.000 DM steigt die Steuermeßzahl in Stufen von jeweils 24.000 DM um 1 v.H. auf ihre volle Höhe von 5 % an. Die Wirkung dieser "Ermäßigung" im Vergleich zur vollen Belastung wird durch STPLAN für Windows im gewerbeertragsteuerlichen Freibetrag (Fge) ausgewiesen.

Die Gewerbeertragsteuerbelastung besteht somit aus:

SR = R * sge

SMe = Me * sge

SMge = Mge * sge

SFge = Fge * -sge

-Abzugsfähigkeit der Gewerbekapitalsteuer:

SBu = (Bu * sgk) * -sge

SMbu = (Mbu * sgk) * -sge

SMgku = (Mgku * sgk) * -sge

SBi = (Bi * sgk) * -sge

SMbi = (Mbi * sgk) * -sge

SMgki = (Mgki * sgk) * -sge

SFgk = (Fgk * -sgk) * -sge

GewEST = SR + SMe + SMge +SFge +SBu + SMbu + SMgku +
+ SBi + SMbi + SMgki + SFgk

3.6.7 Körperschaftsteuer-Berechnung

Für die Kapitalgesellschaft wird die Körperschaftsteuer I und II[77] sowie für die Gesellschafter der Kapitalgesellschaft die Anrechnungs-Körperschaftsteuer[78] berechnet. Die Personengesellschaft und ihre Gesellschafter sind von dieser Steuerart nicht betroffen.

76) vgl. Rose (1992a), S. 212.
77) zu dieser Bezeichnung vgl. Herzig (1977), S. 147.
78) zu dieser Bezeichnung vgl. Rose (1992a), S. 156.

3.6.7.1 *Körperschaftsteuer I*

3.6.7.1.1 Berechnung der Körperschaftsteuer I

Als Körperschaftsteuer I (KST I), bzw. Basis-Körperschaftsteuer wird die Körperschaftsteuerbelastung des körperschaftsteuerpflichtigen Einkommens bezeichnet. Bei der Berechnung des körperschaftsteuerlichen Einkommens wird auf den Steuerbilanzgewinn zurückgegriffen (§§ 7 - 10 KStG). Der Steuerbilanzgewinn setzt sich seinerseits aus dem Reinertrag (R), korrigiert um die bewertungsrechtlichen Modifikationen (Me), zusammen. Er ist um die körperschaftsteuerlichen Modifikationen (Mk) und die Leistungsvergütungen (L) zu modifizieren. Als Betriebsausgaben sind die Gewerbekapital- und die Gewerbeertragsteuer abzugsfähig. Ausschüttungen beeinflussen das körperschaftsteuerliche Einkommen und damit die Körperschaftsteuer I nicht.

In der vorliegenden Ausbaustufe des Steuerplanungsprogramms werden keine ermäßigt belasteten oder steuerfreien (Rein-) Erträge berücksichtigt. Deshalb sind <u>nur</u> Zugänge zum vollbelasteten Einkommen programmimmament begründet. Zum weiteren wurde bei der Körperschaftsteuer, wie bei allen Steuerarten, die Fiktion des sofortigen Verlustausgleichs unterstellt.

Die Teilsteuern der Körperschaftsteuer I (einschließlich der Abzugsfähigkeit der Gewerbesteuer vom körperschaftsteuerlichen Einkommen) bestehen aus:

$$SR = R * (skn - (sge * skn))$$

$$SMe = Me * (skn - (sge * skn))$$

$$SMk = Mk * (skn - (sge * skn))$$

$$SL = L * (-skn + (sge * skn))$$

$$SMge = Mge * - (sge * skn)$$

$$SBu = Bu * - ((sgk * skn) + (sgk * sge * skn))$$

$$SMbu = Mbu * - ((sgk * skn) + (sgk * sge * skn))$$

$$SMgku = Mgku * - ((sgk * skn) + (sgk * sge * skn))$$

$$SFgk = Fgk * + ((sgk * skn) - (sgk * sge * skn))$$

$$KST\ I = SR + SMe + SMk + SL + SMge + SBu + SMbu + SMgku + SFgk$$

3.6.7.1.2 Fortschreibung des verwendbaren Eigenkapitals

Im verwendbaren Eigenkapital werden die mit unterschiedlichen Körperschaftsteuersätzen belasteten Eigenkapitalteile getrennt ausgewiesen. Bei Ausschüttungen sind diese Teile zu berücksichtigen, um die korrekte Ausschüttungsbelastung herzustellen.[79] Die verschiedenen Eigenkapitalteile sind gemäß § 30 I Satz 2 KStG fortzuschreiben. Hierzu

[79]) vgl. Rose (1992a), S. 160.

werden die Veränderungen im Vergleich zur Vorperiode erfaßt. Die Fortschreibung geschieht in drei Stufen.

1.Stufe: Zugänge durch mit 50% belastetem Einkommen:

Hierbei handelt es sich um den Zugang des zuvor berechneten körperschaftsteuerlichen Einkommens, vermindert um die hierauf entfallende Körperschaftsteuer (KST I).

EK50 (neu) = EK50 (alt) + R + Me + Mk - L - GewESt - GewKSt - KSt I

2.Stufe: Berücksichtigung der Vermögensteuer als nichtabziehbare Aufwendung:

Die Vermögensteuer stellt gemäß § 10 Nr. 2 KStG eine nichtabziehbare Aufwendung dar. Ihre explizite Berücksichtigung ist notwendig, da sie in R erfaßt wurde, in Me, bzw. Mk aber nicht enthalten ist. Me und Mk enthalten selbst nichtabzugsfähige Betriebsausgaben[80] (z.B. § 4 V EStG bzw. § 10 Nr 4 KStG). Da sie jedoch auch andere Bestandteile (z.B. Me: § 7 EStG) haben und nur der Saldo ausgewiesen wird, ist eine besondere Behandlung (3.Stufe) erforderlich.

Je nach Höhe der Vermögensteuer bzw. der verschiedenen Eigenkapitalteile ist eine unterschiedliche Verrechnung der nichtabziehbaren Betriebsausgaben notwendig. Im einzelnen können folgende drei Arten unterschieden werden:

1. Möglichkeit:

Gemäß § 31 I Nr. 4 KStG sind nichtabziehbare Betriebsausgaben, worunter die Vermögensteuer fällt, mit ungemindert belastetem verwendbaren Eigenkapital zu verrechnen. Es ergibt sich folgende Vorschrift:

Wenn (EK50 >= VST) dann

EK50(neu) = EK50(alt) - VST

2. Möglichkeit:

Reicht das EK50 nicht zur Verrechnung der Vermögensteuer aus, ist zusätzlich der Bestand an EK36 zu verwenden (§ 31 II Satz 1 KStG).

Wenn EK50 + EK36 >= VST dann

EK36(neu) = (EK36(alt) - (VST - EK50(alt)))

EK50(neu) = 0

80) Das EStG verwendet den Oberbegriff Betriebsausgabe (§ 4 V EStG); die Spezifikation erfolgt unter dem Begriff Aufwendung (§ 4 V Nr. 1 - 7 EStG). Das KStG benutzt im § 10 den Ausdruck Aufwendung. Sind im folgenden beide Vorschriften angesprochen wird einheitlich der Begriff Betriebsausgabe verwendet.

3.Möglichkeit:

Ist der Vermögensteuerbetrag größer als der Bestand an EK50 und EK36, so ist die Differenz in eine negative Warteposition[81] aufzunehmen. Diese ist in den folgenden Jahren wieder zu verrechnen (§ 31 II Satz 2 KStG und Absch 84 Nr 2 KStR).

$$EK50(neu) = EK50(alt) + EK36(alt) - VST$$

$$EK36(neu) = 0$$

Hier wird EK50 als negativer Eigenkapitalteil in die Folgeperiode übertragen.

3.Stufe: Sonstige Eigenkapitaländerungen

Die einkommen- und körperschaftsteuerlichen Modifikationen enthalten - unter anderem auch - nichtabziehbare Betriebsausgaben. Diese sind bei der Eigenkapitalfortschreibung einzubeziehen.

Me setzt sich aus positiven bzw. negativen Modifikationen zusammen. Positive Modifikationen sind z.B. die handelrechtlich berücksichtigten Aufwendungen, deren Abzug als Betriebsausgabe ausgeschlossen ist (§ 4 V EStG) oder steuerlich unerlaubter degressiver und gestatteter linearer Abschreibung (§ 7 I EStG). Diese Abschreibungsdifferenzen kehren sich in den letzten Jahren der Nutzung um und werden dann im negativen Teil der einkommensteuerlichen Modifikationen erfaßt. Me weist nur den saldierten Betrag aus. Die nichtabziehbaren Betriebsausgaben müssen, da sie zur Berechnung des verwendbaren Eigenkapitals benötigt werden, gesondert ausgewiesen werden. Auch Mk hat positive und negative Bestandteile, wobei ebenfalls eine Saldierung vorgenommen wird. Die Hinzurechnungspflicht der Hälfte der Aufsichtsratvergütungen (§ 10 Nr. 4 KStG) geht als positiver Betrag in die körperschaftsteuerlichen Modifikationen (Mk) ein. Gleichzeitig ist es Teil der nichtabziehbaren Aufwendungen. Ein Beispiel für einen negativen Bestandteil von Mk ist die Gewährung eines internationalen Schachtelprivilegs für bestimmte Dividenden.[82] Zur Fortschreibung des verwendbaren Eigenkapitals ist aber der explizite Ausweis der hier erfaßten nichtabziehbaren Betriebsausgaben erforderlich. Dies könnte durch eine stärkere Aufteilung der Modifikationen Me und Mk geschehen, wobei die nichtabziehbaren Betriebsausgaben zu isolieren wären.[83] Storz behandelt die gesamten einkommensteuerlichen und körperschaftsteuerlichen Modifikationen als nichtabziehbaren Aufwand, was aber eigentlich der (und seiner) Definition von Me und Mk widerspricht.[84] Um eine Ausweitung der Eingabeparameter zu vermeiden, was die Unübersichtlichkeit der Eingabewerte erhöht hätte, sind nichtabziehbare Betriebsausgaben zur Laufzeit manuell mit dem verwendbaren Eigenkapital zu verrechnen. Desweiteren können dabei auch steuerfreie Erträge den Eigenkapitalteilen

[81]) vgl. Rose (1992a), S. 170.
[82]) vgl. Rose (1992b), S. 56.
[83]) für Me: vgl. Dziadkowski (1973), S. 204-211.

zugeordnet werden. Die Zuordnung zu den einzelnen Teilen ist vom Anwender eigenverantwortlich vorzunehmen.

3.6.7.2 Körperschaftsteuer II

Ausschüttungen werden entweder als Bruttozuwendung oder als Nettozuwendung definiert. Im Steuerplanungsprogramm wird die Nettozuwendungsdefinition, d.h. die Bardividende, verwendet.[85] Das Programm kann die Bardividende als Absolutbetrag oder als Prozentsatz vom maximal ausschüttbaren Betrag verarbeiten.

3.6.7.2.1 Berechnung der maximal ausschüttbaren Bardividende

Der maximal ausschüttbare Betrag ergibt sich aus dem Jahresüberschuß abzüglich aller einbezogener Steuern. Die Ausschüttungen mindern bzw. erhöhen aber ihrerseits gemäß § 27 KStG die Körperschaftsteuer. Um dieses Problem zu lösen, wird zunächst von einem Jahresüberschuß bei vollständiger Thesaurierung ausgegangen. Er ist unabhängig von Ausschüttungen und deren Wirkungen. Dieser vorläufige Jahresüberschuß (JÜ I)[86] setzt sich zusammen aus:

$$\text{JÜ I} = \text{R} - \text{L} - \text{VST} - \text{GewKSt} - \text{GesESt} - \text{KST I}$$

Die Leistungsvergütungen sind vom Reinertrag abzuzuziehen, da sie in der Kapitalgesellschaft anerkannt werden. Es bleibt noch die Körperschaftsteueränderung durch die Ausschüttung (§ 27 KStG) zu berücksichtigen.[87]

Der endgültige Jahresüberschuß (JÜ II) errechnet sich aus

Jahresüberschuß I - Körperschaftsteuer II

Es sind folgende vier Fälle zu unterscheiden:[88]

1. Wenn $\text{JÜ I} <= \text{EK50} * (64/50)$ dann

   $\text{JÜ II} = \text{JÜ I} * (64/50)$

   falls nicht

2. wenn $\text{JÜ I} <= \text{EK50} * (64/50) + \text{EK36}$ dann

   $\text{JÜ I(neu)} = \text{JÜ I(alt)} - \text{EK50}$

   $\text{JÜ II} = \text{EK50} * (64/50) + \text{JÜ I(neu)}$

   falls nicht

---

84) vgl. Rose (1992b), S. 56; Storz (1984), S. 118-119, S.151-152.
85) ebenso Rose (1992b), S. 54.
86) Wagner/Dirrigl (1980), S. 119.
87) vgl. Wagner/Dirrigl (1980), S. 123.
88) vgl. Wöhe (1991), S.147-163.

3. wenn EK50 >= 0 dann

JÜ I(neu) = JÜ I(alt) - EK50 - EK36

JÜ II = EK50 * (64/50) + EK36 + Jü I(neu) * (100/64)

falls nicht

4. (für EK50 < 0)

JÜ I (neu) = JÜ I(alt) - EK36

JÜ II = EK36 + JÜ I(neu) * (100/64)

Die Bardividende (A) errechnet sich dann prozentual aus dem errechneten Jahresüberschuß (JÜ II).

3.6.7.2.2 Berechnung der jeweiligen Ausschüttungsbeträge bezogen auf die Eigenkaptialgruppen (A50, A36 und A0) sowie die Eigenkapitalfortschreibung

Die gesamte Gewinnausschüttung wird nun mit dem verwendbaren Eigenkapital verrechnet. Die Körperschaftsteuerwirkung der Ausschüttung ist davon abhängig, mit welcher Eigenkapitalgruppe es verrechnet wird. Die Verwendung des Eigenkapitals ist in der Reihenfolge der abnehmenden Belastung vorzunehmen (§ 28 III Satz 1 KStG). Damit ergeben sich die folgenden vier Fälle.[89]

1. Wenn A <= (EK50 * (64/50)) dann

A50 = A

EK50(neu) = EK50(alt) - (A50 * 64/50)

falls nicht

2. wenn A <= ((EK50*64/50) + EK36) dann

A50 = EK50 * 64/50

A36 = A - A50

EK50(neu) = 0

EK36(neu) = EK36(alt) - A36

falls nicht

[89]) vgl. Wöhe (1991), S. 157-158.

3. wenn EK50 > 0

A50 = EK50 * 64/50

EK50(neu) = 0

A36 = EK36

EK36(neu) = 0

A0 = A - A50 - A36

EK0(neu) = EK0(alt) - (A0 * 100/64)

falls nicht

4. (EK56 < 0)

A36 = EK36

EK36(neu) = 0

A0 = A - A36

EK0(neu) = EK0(alt) - (A0 * 100/64)

3.6.7.2.3 Berechnung der Körperschaftsteuer II

Nun kann die Körperschaftsteueränderung, die durch die Ausschüttung verursacht wird, erfaßt werden. Sie errechnet sich folgendermaßen:

SA50 = A50 * (ska - skn - (skn * ska))

SA36 = 0

SA0 = A0 * skn

KST II = SA50 + SA36 + SA0

3.6.7.3 Die gesamte Körperschaftsteuer der Kapitalgesellschaft

Die gesamte Körperschaftsteuer der Kapitalgesellschaft - bei gegebener Ausschüttung - setzt sich aus der Tarifbelastung (Körperschaftsteuer I) und der ausschüttungsbedingten Körperschaftsteueränderung (Körperschaftsteuer II) zusammen.

3.6.7.4 Berechnung der Körperschaftsteueranrechnung der Gesellschafter

Die "Ausschüttungs-Körperschaftsteuer" wird für den Gesellschafter einer Kapitalgesellschaft zu einer "Anrechnungs-Körperschaftsteuer". Sie stellt für ihn einen Teil der Einkünfte aus Kapitalvermögen (§ 20 I Nr. 3 EStG) dar.[90]

Die Brutto-Ausschüttung (Bardividende + Anrechnungskörperschaftsteuer) ist mit 36% belastet. Dem Gesellschafter fließt aber nur die Bardividende, die 64% der Brutto-Aus-

90) vgl.Rose (1992a) S. 156.

schüttung ausmacht, zu. Bezogen auf diese Bardividende beträgt die Körperschaftsteuerbelastung 56,25 %. Da die Ausschüttungs-Körperschaftsteuer bereits bei der Kapitalgesellschaft entrichtet wurde, ist bei den Gesellschaftern eine Anrechnung in Höhe von 9/16 der Bardividende auf die Einkommensteuer vorzunehmen. Falls die Einkommensteuerschuld kleiner als der anzurechnende Betrag ist, erstattet das Finanzamt die Differenz. Um die Transparenz der Steuerplanung zu erhöhen, wird diese Anrechnungs-Körperschaftsteuer nicht mit der Einkommensteuer verrechnet, sondern explizit ausgewiesen.

SA = A * -ska

AnrechnungsKST = SA

3.6.8 Einkommensteuer-Berechnung

Einkommensteuerpflichtig sind nur natürliche Personen (§ 1 EStG). Unterschieden wird deshalb nur zwischen Gesellschaftern einer Personengesellschaft und einer Kapitalgesellschaft. Hier wird neben der Einkommensteuer auch die Kirchensteuer behandelt. Sie werden zusammen durch den kombinierten Einkommen- und Kirchensteuerfaktor erfaßt. Als Alternative zur Verwendung eines festen Faktors ist das Programm in der Lage, ihn individuell zu berechnen. Diese Berechnung vollzieht sich in zwei Schritten. Sie wird durch den Parameter "-291" (Tarif 1991) bzw. "-288" (Tarif 1988) im Feld "EinkST" des jeweiligen Gesellschafters aktiviert.

3.6.8.1 Berechnung des zu versteuernden Einkommens

Dem Steuerplanungsprogramm liegt die Annahme zu Grunde, daß nur unternehmensbezogene Einkünfte vorliegen. An Einkunftsarten können demnach Einkünfte aus Gewerbebetrieb (§§ 2 I Nr. 2; 15 EStG), aus Kapitalvermögen (§§ 2 I Nr. 5; 20 EStG) und aus nichtselbständiger Arbeit (§§ 2 I Nr. 4; 19 EStG) vorliegen. Eine Erweiterung des Modells für nicht unternehmensbezogene Einkünfte ist durch Einführung neuer Bemessungsgrundlagen möglich.

Bei der Berechnung des zu versteuernden Einkommens (zuverEink) sind zwei Fälle zu unterscheiden:

A) GESELLSCHAFTER EINER KAPITALGESELLSCHAFT

Ausgegangen wird hierbei von einer unbeschränkt steuerpflichtigen natürlichen Person, die ihre Beteiligung im Privatvermögen hält. Ihre Einkünfte setzen sich aus den empfangenen Leistungsvergütungen L, der Bardividene A (§ 20 I Nr 1 EStG) sowie der anrechenbaren Körperschaftsteuer (§20 I Nr. 3 EStG) zusammen. Die anrechenbare Körperschaftsteuer wurde im Körperschaftsteuer-Berechnungs-Modul berechnet und ausgewiesen. Abzuziehen ist der einkommensteuerliche Freibetrag (Fe). Die Vermögensteuer ist nicht abzugsfähig (§ 12 Nr. 3 EStG). Die Abzugsfähigkeit der Kirchensteuer als Sonderausgabe (§ 10 I Nr. 4 EStG) wird bei der Berrechnung des kombinierten Einkommen- und Kirchensteuerfaktors berücksichtigt.

zuverEink = L + A + anrechenbare KST - Fe

B) GESELLSCHAFTER EINER PERSONENGESELLSCHAFT

Hier setzt sich das zu versteuernde Einkommen aus dem Reinertrag R zuzüglich den bilanzsteuerlichen Modifikationen Me, abzüglich der betrieblichen Steuern und des einkommensteuerlichen Freibetrags zusammen.[91] Die Behandlung der Vermögensteuer und der Kirchensteuer erfolgt analog zur Vorgehensweise beim Gesellschafter einer Kapitalgesellschaft. Das zu versteuernde Einkommen des einzelnen Gesellschafters errechnet sich aus dem auf ihn entfallenden Anteil an (R + Me - GewESt - GewKSt) der Gesellschaft, vermindert um seinen persönlichen Freibetrag Fe.

zuverEink = R + Me - GewESt - GewKSt - Fe

3.6.8.2 *Berechnung des kombinierten Einkommen- und Kirchensteuerfaktors*

Im kombinierten Einkommen/Kirchensteuerfaktor wird neben dem Einkommensteuersatz auch der Einfluß der Kirchensteuer berücksichtigt. Die Kirchensteuer errechnet sich von der geschuldeten Einkommensteuer; sie darf jedoch als Sonderausgabe (§ 10 I Nr. 4 EStG, gezahlte Kirchensteuer) von der Bemessungsgrundlage der Einkommensteuer abgezogen werden.

Zunächst zur Berechnung des Einkommensteuersatzes:

3.6.8.2.1 Berechnung des Einkommensteuersatzes

Der Einkommensteuersatz wird vom Programm anhand der Vorschriften des Einkommensteuertarifs gemäß § 32 a EStG (Grundtarif des Tarifs 1991 bzw. 1988) berechnet. Die Besonderheiten der Zusammenveranlagung[92] von Ehepaaren (§ 32 a V EStG) bzw. die Vorschrift des § 32 a VI EStG sind hier nicht berücksichtigt. Sie hätten eine stärkere Erfassung der persönlichen Verhältnisse der Beteiligten erfordert, was die Übersichtlichkeit der Eingabeparameter beeinträchtigt hätte. Als weitere Vereinfachung wurde die Rundungsvorschrift des § 32 a II EStG, d.h. die Abrundung des zu versteuernden Einkommens auf den nächsten durch 54 DM ohne Rest teilbaren Betrag, außer Betracht gelassen.

Der zeitweilig erhobene Solidaritätszuschlag wird im Programm nicht explizit einbezogen.

---

91) vgl. Rose (1992b), S. 97.
92) vgl. Biergans (1992), S. 1542-1544.

Das Programm ermittelt zunächst mit Hilfe des Formeltarifs (§ 32 a I EStG) die tarifliche Einkommensteuer (EinkStSumme) und den Grenz-Einkommensteuersatz (EinkGrSTSatz).[93] Der Grenz-Einkommensteuersatz ergibt sich aus der ersten Ableitung des Einkommensteuertarifs.

3.6.8.2.2 Kirchensteuerberechnung

Bemessungsgrundlage der Kirchensteuer ist die festzusetzende Einkommensteuer. Zunächst muß also die Einkommensteuer ermittelt werden. Hierbei ist allerdings zu beachten, daß die gezahlte Kirchensteuer als Sonderausgabe von der Bemessungsgrundlage der Einkommensteuer abzugsfähig ist. Aus diesem Grund ist zwischen geschuldeter und gezahlter Kirchensteuer zu differenzieren. Um die Steuerplanung nicht von Zufälligkeiten abhängig zu machen, wird die geschuldete Kirchensteuer der gezahlten Kirchensteuer gleichgesetzt.[94] Das Modell übernimmt diese Vereinfachung. Der Spezialfall der Kirchensteuerkappung wurde in dieser Version außer Betracht gelassen. Die Berücksichtigung beider Einschränkungen ist aber in einer weiteren Ausbaustufe geplant.[95]

Als Kirchensteuersatz wird der vorgespeicherte Satz von acht Prozent oder ein individuell beim Gesellschafter eingegebener Wert benutzt.

Die Vorgehensweise bei der Kirchensteuerermittlung läßt sich wie folgt kennzeichnen:

1. Berechnung des zu versteuernden Einkommens ohne Berücksichtigung der Kirchensteuer als Sonderausgabe.

2. Berechnung der Einkommensteuersumme (EinkStSumme)[96]

3. Berechnung der Kirchensteuersumme (KiStSumme):

   KiStSumme = ski * EinkStSumme

   Die so berechnete Einkommensteuer ist aber zu hoch, da die Abzugsfähigkeit der Kirchensteuer noch nicht berücksichtigt wurde. Demzufolge ist auch die errechnete Kirchensteuer zu hoch angesetzt. Eine exakte Berechnung in allen Tarifzonen ist nur mit Hilfe eines iterativen Verfahrens möglich.

4. Neuberechnung des zu versteuerenden Einkommens unter Berücksichtung der Abzugsfähigkeit der Kirchensteuer.

5. Wiederholung der Schritte ab Punkt 2. (Einkommensteuerberechnung) bis die neuberechnete Kirchensteuer mit der berechneten des vorherigen Durchlaufs übereinstimmt. Es ist allerdings möglich, daß unter Umständen die beiden (rechnerinternen REAL-) Werte durch Rundungsdifferenzen bei der Berechnung nie übereinstimmen. Um diesem Fall vorzubeugen, bricht die Iteration in jedem

93) vgl. Laux (1988), S. 180-184.
94) vgl. Rose (1992b), S. 46.
95) zur Vorgehensweise vgl. Wagner/Dirrigl (1980), S. 135-136, S. 167.
96) vgl. Kapitel 3.6.8.2.1.

Fall nach neunmaligen Durchlauf ab. Dieses Vorgehen gewährleistet noch eine hinreichende Genauigkeit.[97]

3.6.8.3 Ermittlung des Durchschnitts- und Grenz-Einkommen/Kirchensteuerfaktors

Nachdem nun das zu versteuernde Einkommen, die Einkommen- und Kirchensteuer vorliegt, kann der kombinierte Einkommen/Kirchensteuerfaktor ermittelt werden. Er wird als Durchschnitts- und als Grenzsteuersatz berechnet. Der Grenzsteuersatz verfolgt informative Zwecke und kann bei Grenzbetrachtungen statt dem Durchschnittsteuersatz angewandt werden.

A) BERECHNUNG DES DURCHSCHNITTS-EINKOMMEN / KIRCHENSTEUERSATZES:

Der Durchschnitts-Einkommen/Kirchensteuersatz errechnet sich folgendermaßen:

EinStSatz = (EinkStSumme + KiStSumme) / zuverEink

B) BERECHNUNG DES GRENZ-EINKOMMEN/KIRCHENSTEUERSATZES:

Aus der Einkommensteuerberechnung ist der Grenz-Einkommensteuersatz bekannt.

Der Grenz-Einkommen/Kirchensteuersatz berechnet sich wie folgt:[98]

$$\text{EinkGrSTSatz} = \frac{((\text{EinGrStSatz} * (1 + \text{ski}))}{(1 + (\text{EinGrStSatz} * \text{ski}))}$$

3.6.8.4 Berechnung der Teilsteuern der Einkommen- und Kirchensteuer

A) DIE VERSCHIEDENEN MÖGLICHKEITEN DER GEWINNUNG DES KOMBINIERTEN EINKOMMEN/KIRCHENSTEUERFAKTORS:

Die verschiedenen Möglichkeiten der Gewinnung des kombinierten Einkommen/Kirchensteuerfaktors werden über das Feld "EinkSt" jedes einzelnen Gesellschafters angesteuert. Es sind vier verschiedene Konstellationen denkbar.

1. Der Parameter "Einkst" ist "-291" bzw. "-288"

Hier werden die beschriebenen Berechnungen des zu versteuernden Einkommenes und des Einkommen/Kirchensteuersatzes aktiviert. Für die Berechnungen der Teilsteuern der Einkommen/Kirchensteuer wird der Durchschnittsteuersatz des Tarifs 1991 bzw. 1988 verwendet.

---

[97]) vgl. Storz (1984), S. 173-174; Heinhold (1979), S. 146.

[98]) vgl. Wagner/Dirrigl (1980), S. 136.

2. Der Parameter "Einkst" ist "-191" bzw. "-188"

Auch hier werden die zuvor erläuterten Berechnungen angestellt. Die Teilsteuern der Einkommen/Kirchensteuer werden allerdings mit Hilfe des kombinierten Grenz-Einkommen/Kirchensteuerfaktors ermittelt. Aus technischen Gründen kann kein separater Durchschnittsteuersatz angegeben werden.

3. Der Parameter "Einkst" ist größer als Null

Mit Hilfe dieser Option kann für jeden Gesellschafter ein individueller Grenz-Einkommensteuersatz eingegeben werden. Zusammen mit dem ebenfalls individuell einzugebenden Kirchensteuersatz wird der kombinierte Einkommen/Kirchensteuersatz errechnet.

4. Der Parameter "Einkst" ist kleiner als Null aber ungleich -188,-191,-288,-291

In diesem Fall wird der im Tarif-Modell abgespeicherte allgemeine kombinierte Einkommen/Kirchensteuersatz verwendet.

Bei den Fällen drei und vier handelt es sich jeweils um Grenzsteuersätze.

B) BERECHNUNG DER TEILSTEUERN FÜR DIE EINKOMMEN- UND KIRCHENSTEUER:

Es ist zwischen Gesellschaftern einer Kapital- und einer Personengesellschaft zu unterscheiden.

Für den Fall der Grenzbetrachtung ist zur Berechnung der exakten Einkommen/Kirchensteuerbelastung die Berücksichtigung des tariflichen einkommensteuerlichen Freibetrags (Ft) erforderlich. Ft ergibt sich aus dem Einkommensteuertarif (§ 32 a EStG). Für die beiden Proportionalzonen errechnet er sich aus:

$$Ft = \frac{\text{tariflicher Abzug von der Steuerschuld}}{\text{Einkommensteuerfaktor}}$$

Wurde jedoch die Durchschnittsbetrachtung gewählt, entfällt dieser Freibetrag, da er dort bereits im Steuersatz berücksichtigt wurde.

1) GESELLSCHAFTER EINER KAPITALGESELLSCHAFT

Das zu versteuernde Einkommen (zuverEink) berechnet sich wie folgt:

zuverEink= L + A + anrechenbare KST - Fe - Ft

Die Bardividene (A) und die anrechenbare KST werden zum Faktor (1 + ska) * A bzw. 100/64 * A zusammengefaßt.

Somit ergeben sich folgende Teilsteuern für die Einkommen/Kirchensteuer:

SL = L * se

SA = ((1 + ska) * A) * se

SFe = Fe * -se

SFt = Ft * -se

EST = SL + SA + SFe + SFt

Die Körperschaftsteueranrechnung in Höhe von (-ska * A) wird bei der Einkommen/Kirchensteuerschuld **nicht** einbezogen, da sie explizit als Körperschaftsteueranrechnung ausgewiesen wurde. Zur Berechnung der exakten Einkommen/Kirchensteuerbelastung ist diese Anrechnung noch abzuziehen.

2) GESELLSCHAFTER EINER PERSONENGESELLSCHAFT

Das zu versteuernde Einkommen (zuverEink) setzt sich hier aus

zuverEink = R + Me - GewESt - GewKSt - Fe - Ft

zusammen.

Bei den Größen R, Me, GewESt und GewKSt werden nur die auf den Gesellschafter anteilsmäßig entfallenden Beträge der Gesamtgrößen der Gesellschaft ausgewiesen.

Die Abzugsfähigkeit der Gewerbekapital- und Gewerbeertragsteuer wird durch das Anfügen dieser Gleichungen an die Einkommen/Kirchensteuergleichung gewährleistet. Falls wegen Freibetragsunterschreitung keine Gewerbekapital- bzw. Gewerbeertragsteuer anfällt, so gewährleisten die berechneten gewerbekapital- (Fgk) bzw. gewerbeertragsteuerlichen (Fge) Freibeträge, daß die Einkommen/Kirchensteuerbelastung nicht verfälscht wird. Folgende Teilsteuern der Einkommen/Kirchensteuer kennzeichnen die Belastung der Gesellschafter einer Personengesellschaft.

SR = R * se

SMe = Me * se

SFe = Fe * -se

SFt = Ft * -se

Wegen der Abzugsfähigkeit der Gewerbeertrag- bzw. Gewerbekapitalsteuer mindert sich die Einkommen/Kirchensteuer um den Faktor (-se * sge) bzw. (-se * sgk). Die Abzugsfähigkeit der Gewerbeertragsteuer bei sich selbst wurde bereits im Gewerbesteuerfaktor berücksichtigt. Zu beachten ist außerdem, daß die Gewerbekapitalsteuer als Betriebsausgabe bei der Gewerbeertragsteuer abzugsfähig ist. Die Bemessungsgrundlage der Gewerbeertragsteuer vermindert sich. Demgebenüber erhöht sich aber die Bemessungsgrundlage der Einkommen/Kirchensteuer, da weniger Gewerbeertragsteuer anfällt. Diese Effekte werden in den Faktoren (-se * - sge * sgk) und (se * sge * sgk) angezeigt.[99]

Abzugsfähigkeit der Gewerbekapitalsteuer:

GewKSt = ((Bu + Mbu + Mgku + Bi + Mbi + Mgki - Fgk) * * sgk) * -se

Abzugsfähigkeit der Gewerbeertragsteuer:

GewEST = ((sge * (R + Me + Mge - Fge - sgk (Bu + Mbu + Mgku +Bi+ + Mbi + Mgki - Fgk)) * -se

Nach Auflösung der Gleichungen ergeben sich folgende Belastungen für die einzelnen Bemessungsgrundlagen.

SR = R * (se - (se * sge)

SMe = Me * (se - (se * sge)

SFe = Fe * -se

SFt = Ft * -se

SMge = Mge * -(se * sge)

SFge = Fge * (se * sge)

SBu = Bu * (-(se * sge) + (se * sge * sgk))

SMbu = Mbu * (-(se * sge) + (se * sge * sgk))

SMgku = Mgku * (-(se * sge) + (se * sge * sgk))

SBi = Bi * (-(se * sge) + (se * sge * sgk))

SMbi = Mbi * (-(se * sge) + (se * sge * sgk))

SMgki = Mgki * (-(se * sge) + (se * sge * sgk))

SFgk = Fgk * ((se * sge) - (se * sge * sgk)

EST = SR + SMe + SFe + SFt + Mge + SFge + SBu + SMbu + SMgku + SBi + SMbi + SMgki + SFgk

99) vgl. Rose (1992b), S. 96.

3.7 *Auswertungsmöglichkeiten des statischen und dynamischen Planungsmodells*

Es werden Programmauswertungen für den Bildschirm und zur Ausgabe auf einen (in Windows installierten) Drucker angeboten. Die verschiedenen Auswertungen können jeweils menügesteuert (Menüpunkt Druck - statisches Modell oder dynamisches Modell) angewählt werden.

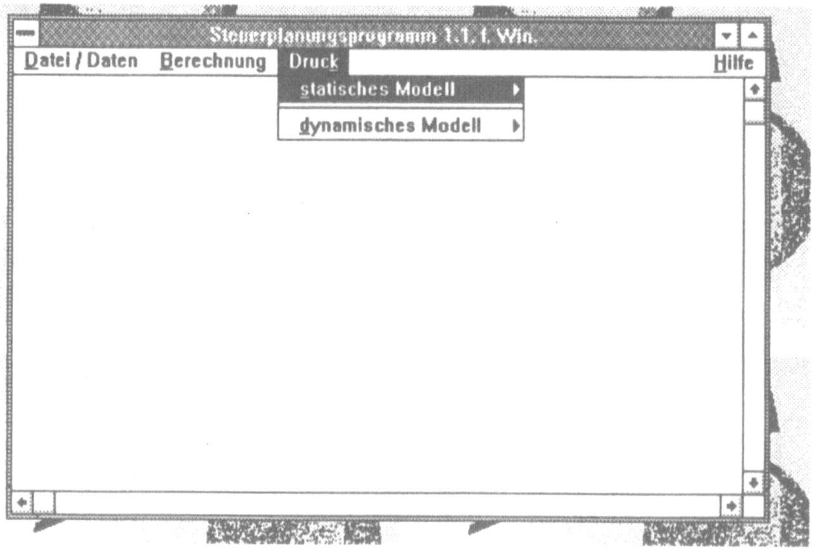

Abb. 30 Menü Druck

Zunächst ist zwischen Auswertungen der statischen und der dynamischen Version zu unterscheiden.

Innerhalb der Auswertung wird das Ergebnis zunächst am Bildschirm angezeigt. Mit Hilfe der Bildlaufleisten kann der Anwender das Bild "rollen", um so alle Informationen am Bildschirm (weitere Zeilen oder Spalten) anzusehen.

Durch Betätigung der Taste "Drucken" in der oberen Menüleiste wird die aktuelle Auswertung auf den Drucker ausgegeben.

Im folgenden Bild wird eine Auswertung des statischen Modells (kombinierte Steuerarten- / Steuerträgeranalyse) exemplarisch dargestellt.

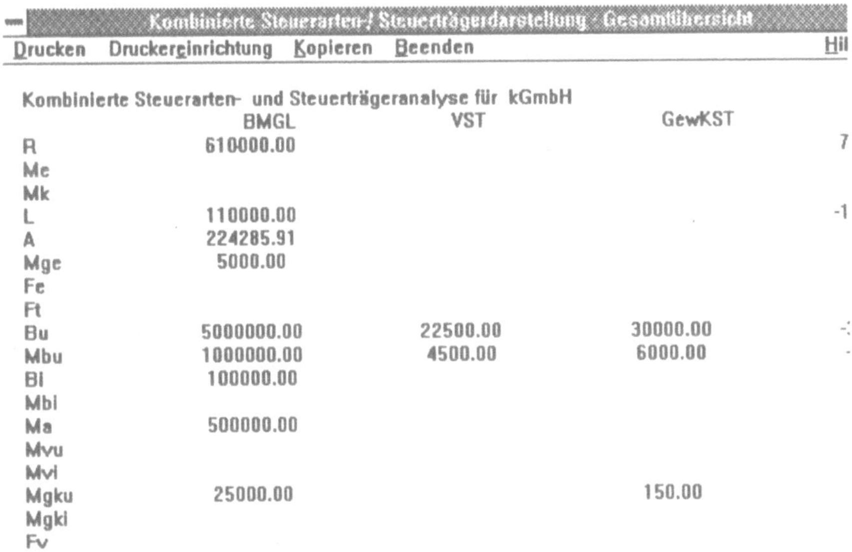

Kombinierte Steuerarten-/ Steuerträgerdarstellung - Gesamtübersicht

Drucken Druckereinrichtung Kopieren Beenden Hil

Kombinierte Steuerarten- und Steuerträgeranalyse für kGmbH

	BMGL	VST	GewKST	
R	610000.00			7
Me				
Mk				
L	110000.00			-1
A	224285.91			
Mge	5000.00			
Fe				
Ft				
Bu	5000000.00	22500.00	30000.00	
Mbu	1000000.00	4500.00	6000.00	
Bl	100000.00			
Mbl				
Ma	500000.00			
Mvu				
Mvl				
Mgku	25000.00		150.00	
Mgkl				
Fv				

Abb. 31 Bildschirmauswertung kombinierte Steuerarten- / Steuerträgeranalyse

Will der Anwender spezielle Formatierungsdaten angeben (z.B. Ausdruck im Querformat), so kann er dies durch "Anklicken" des Punktes "Druckereinrichtung". Hier öffnet sich das Druckeinrichtungsfenster des in Windows installierten Druckers.

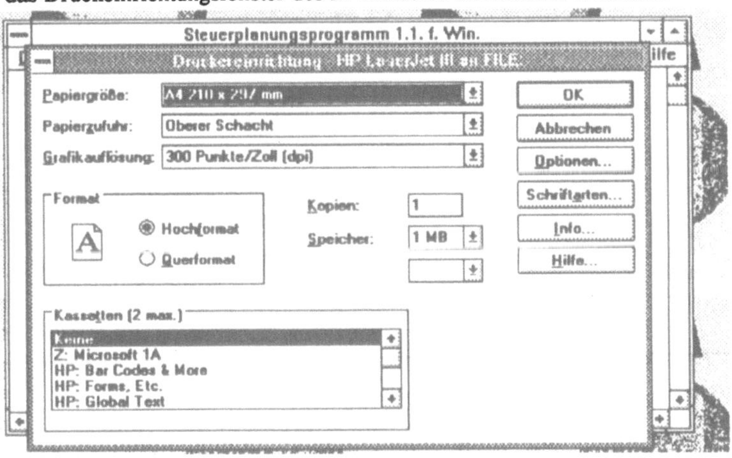

Abb. 32 Druckereinrichtung

Die Betrachtung der Auswertung wird durch Aufruf des Menüpunktes "Beenden" abgeschlossen. Das Programmsystem kehrt zum ursprünglichen Menü zurück. Es können dann weitere Auswertungen des geladenen Modells betrachtet bzw. ein neues Modell berechnet werden.

3.7.1 Auswertungen des statischen Planungsmodells

Folgende Auswertungen können durch "Anklicken" des Menüpunktes "statisches Modell" ausgewählt werden.[100]

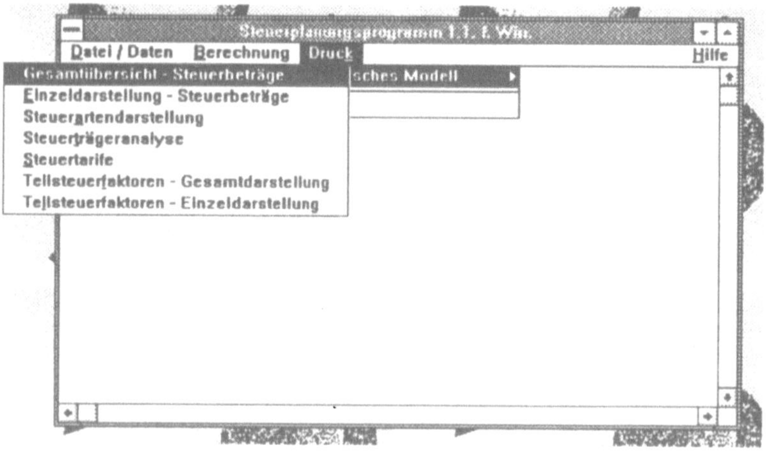

Abb. 33 Auswertungen des statischen Modells

GESAMTÜBERSICHT - STEUERBETRÄGE

Hier wird eine kombinierte Steuerträger- und Steuerartenanalyse ausgegeben. Sie gibt die Bemessungsgrundlagenwerte, die verschiedenen Teilsteuerartenbeträge, die Teilsteuern und die Steuerartenbelastung, jeweils getrennt für jedes Teilmodell, an.

Im Teil "Gesamtübersicht" werden die kombinierten Steuerträger- und Steuerartenanalysen aller in den Programmlauf einbezogener Teilmodelle untereinander ausgegeben.

(Kurzaufruf: G)

EINZELDARSTELLUNG - STEUERBETRÄGE

Der Anwender wird zur Eingabe eines Teilmodellnamens aufgefordert. Es werden nur die Ergebnisse der kombinierten Steuerträger- und Steuerartenanalyse dieses Teilmodells angezeigt.

(Kurzaufruf: E)

---

100) vgl. hierzu auch die Auswertungen des Anwendungsbeispiels "Rechtsformwahl"

STEUERARTENDARSTELLUNG

Hier werden die Steuerartenbelastungen getrennt nach Sphären ausgegeben.

(Kurzaufruf: A)

STEUERTRÄGERANALYSE

Diese Auswertung zeigt die Teilsteuerbeträge der verschiedenen Sphären.

(Kurzaufruf: T)

STEUERTARIFE

Vor allem zur Bestimmung des Kalkulationszinsfußes nach Steuern im dynamischen Modell ist die Kenntnis der verwendeten Steuersätze der Periode sehr wichtig. In dieser Funktion werden die angewendeten Steuersätze inklusive der errechneten Durchschnitts- und Grenz-Einkommen/Kirchensteuersätze und des zu versteuernden Einkommens jedes Gesellschafters angegeben.

(Kurzaufruf: S)

TEILSTEUERFAKTOREN - GESAMTDARSTELLUNG

Auch die Teilsteuerart- und Teilsteuerfaktoren können interessante Informationen beinhalten. Das Ausgabeformat entspricht dem der kombinierten Steuerträger- und Steuerartenrechnung. Hier werden nacheinander die Faktoren aller Teilmodelle in Prozentpunkten der Bemessungsgrundlagen aufgeführt.

(Kurzaufruf: F)

TEILSTEUERFAKTOREN - EINZELDARSTELLUNG

Der Anwender wird zur Eingabe eines Teilmodellnamens aufgefordert. Nur dieses Modell wird angezeigt.

(Kurzaufruf: I)

3.7.2 Auswertungen des dynamischen Planungsmodells

Folgende Auswertungen können durch "Anklicken" des Menüpunktes "dynamisches Modell" ausgewählt werden.[101]

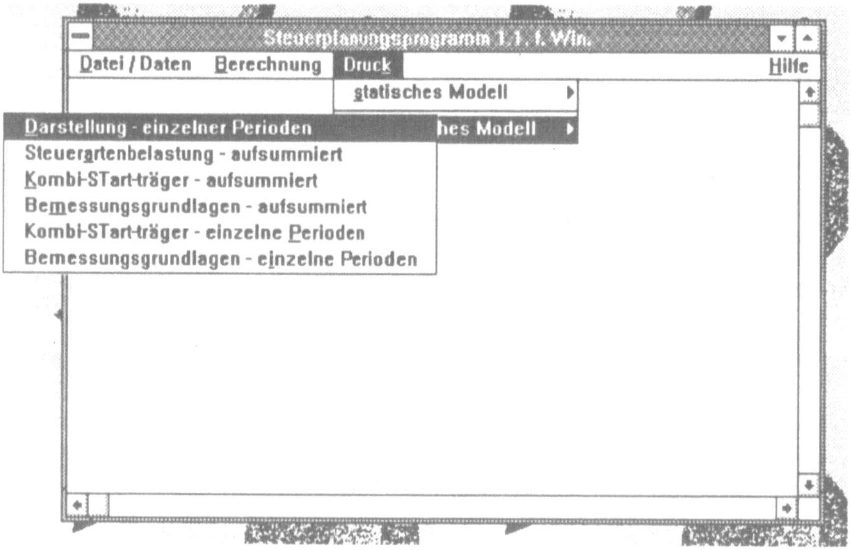

Abb. 34 Auswertungen des dynamischen Modells

Insgesamt stehen acht verschiedene Auswertungen zur Verfügung. Der Aufruf und die Handhabung der Funktionen erfolgt analog zum Vorgehen bei der statischen Version.

DARSTELLUNG - STEUERBETRÄGE

Nach Eingabe der Periode werden die nominalen und diskontierten Bemessungsgrundlagen, Steuerträger- und Steuerartenbelastungen ('dynamisierte Steuerträger- und Steuerartenanalyse') aller Teilmodelle **dieses Zeitschrittes** nacheinander ausgegeben.

Zusätzlich wird der Diskontierungsfaktor sowie der Grenz-Einkommen/Kirchensteuersatz der Gesellschafter angegeben.

(Kurzform: D)

101) vgl. hierzu auch die Auswertungen des Anwendungsbeispiels "Ausschüttungspolitik"

STEUERARTENBELASTUNG - AUFSUMMIERT

Diese Funktion gibt die nominalen und diskontierten kumulierten Steuerartenbelastungen getrennt nach Spähren und Steuerarten wieder.

(Kurzform: A)

KOMBI-START-TRÄGER - AUFSUMMIERT

In dieser Auswertung werden die aufsummierten nominalen und diskontierten Steuerträger- und Steuerartenbelastungen der verschiedenen Sphären und der einzelnen Teilmodelle ('dynamisierte Steuerträger- und Steuerartenanalyse Addition bis zu dieser Periode') ausgeben.

(Kurzaufruf: K)

BEMESSUNGSGRUNDLAGEN - AUFSUMMIERT

Diese Funktion benutzt das gleiche Format wie die "Kombi-STart-träger - aufsummiert", gibt allerdings die summierten Bemessungsgrundlagen aus.

(Kurzaufruf: M)

KOMBI-START-TRÄGER - EINZELNE PERIODEN

Hier werden die Steuerträger- und die Steuerartenbelastungen der verschiedenen Bemessungsgrundlagen für die einzelnen Teilmodelle dargestellt. Diese Werte stehen als nominale und diskontierte Beträge der einzelnen Perioden und als Summenpositionen zur Verfügung. Pro Bemessungsgrundlage, bzw. Steuerart, werden horizontal zunächst die nominale Summenposition und dann die Werte der einzelnen Perioden gedruckt. Horizontal wird nur der Platz für die abgearbeiteten Perioden beansprucht. Der Programmausdruck paßt sich so dynamisch den Periodendurchläufen an. In der zweiten Zeile folgen in derselben Weise die diskontierten Beträge. Die jeweils ersten beiden Zeilen beinhalten die Ergebnisse der Gesellschaft. Darunter folgen dann jeweils im gleichen Format die Ergebnisse der Gesellschafter. Zusätzlich werden hier die Diskontierungsfaktoren und die nominellen und diskontierten Grenz-Einkommen/Kirchensteuersätze der einzelnen Gesellschafter je Periode angegeben. Diese Funktion ermöglicht eine schnelle und umfassende Information über die zeitliche Entwicklung der einzelnen Positionen.

(Kurzaufruf: P)

Für diesen Ausdruck empfiehlt sich der Einsatz des Querformates (Auswahl über den Menüpunkt "Druckereinrichtung") bzw. eines DIN-A3-Druckers.

BEMESSUNGSGRUNDLAGEN - EINZELNE PERIODEN

In analoger Darstellungsform zu "Kombi-STart-träger - einzelne Perioden" werden hier die Bemessungsgrundlagen ausgegeben. Vor allem die Ertrags- und Ausschüttungsentwicklung sind hier von Interesse.

(Kurzaufruf: I)

3.8 Hilfe-System

Das Hilfesystem - mit Hilfestellungen zum Programm STPLAN für Windows und einigen Informationen zur Bedienung von Windowsprogrammen - kann durch Wahl des Menüpunktes "Hilfe" (Kurzaufruf: H) ausgewählt werden.

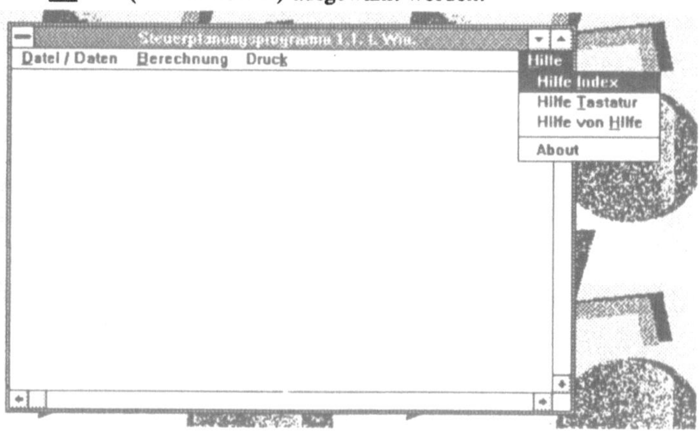

Abb. 35 Hilfesystem

Es stehen drei verschiedene Hilfekomplexe zur Verfügung:

Hilfe Index:	zum Programm STPLAN für Windows
Hilfe Tastatur:	zur Bedienung von Windowsprogrammen
Hilfe über Hilfe:	zur Bedienung des Hilfeprogrammsystems

Die Funktionsweise des Hilfesystems entspricht voll dem Windows 3.0 Standard. Sie ist weitgehend selbsterklärend und kann so sehr einfach bedient werden.

Hinweise über den Inhalt der einzelnen Menüpunkte innerhalb des Programms **STPLAN für Windows** können auch über den Kurzaufruf durch die Tastenkombination "SHIFT" und "F1" angewählt werden.

3.8.1 Hilfe Index

Nach Anklicken des Menüpunktes erscheint das Hilfesystem zum Programm **STPLAN für Windows**. Die Hilfesysteme sind menügestützt. Nach Auswahl der markierten Hilfepunkte öffnet sich das betreffende "Unter"-Hilfefenster. Dieser Vorgang ist über mehrere Hierarchiestufen möglich. Er ist darüberhinaus "backtracking"-fähig. Mit Hilfe der Funktion "Zurück" kann der Anwender den gleichen Weg wieder schrittweise zurückgehen.

Folgende Bildschirmausschnitte sollen dies verdeutlichen.

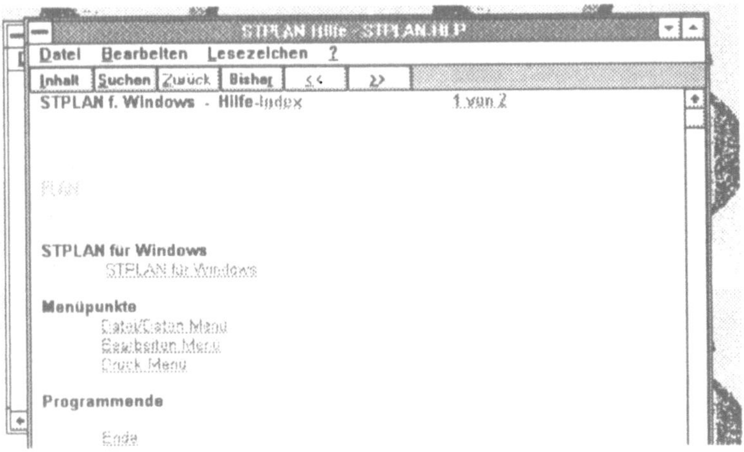

Abb. 37 Hilfeindex - Seite 2

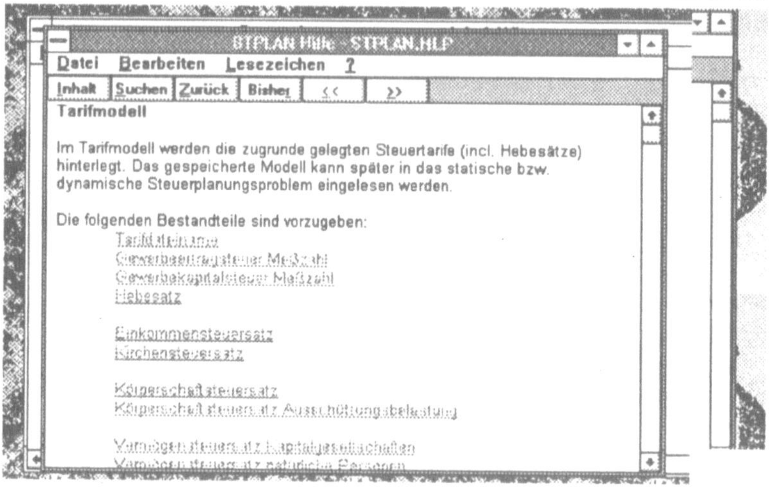

Abb. 38 Hilfetext "Tarifmodell"

Wenn der Anwender Informationen zu einem speziellen Thema sucht, kann er die Funktion "Suchen" verwenden. Hier werden dann verschiedene Stichworte angeboten. Sobald eines ausgewählt wurde, wird im unteren Fensterabschnitt eine Übersicht von Themen angeboten, in denen dieses Stichwort relevant ist. Nach Auswahl des interessierenden Themas wird dieses angezeigt.

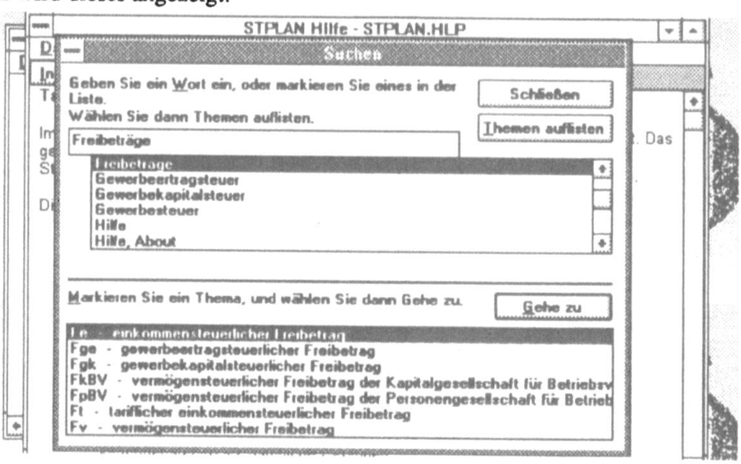

Abb. 39 Hilfesystem - Suchfunktion

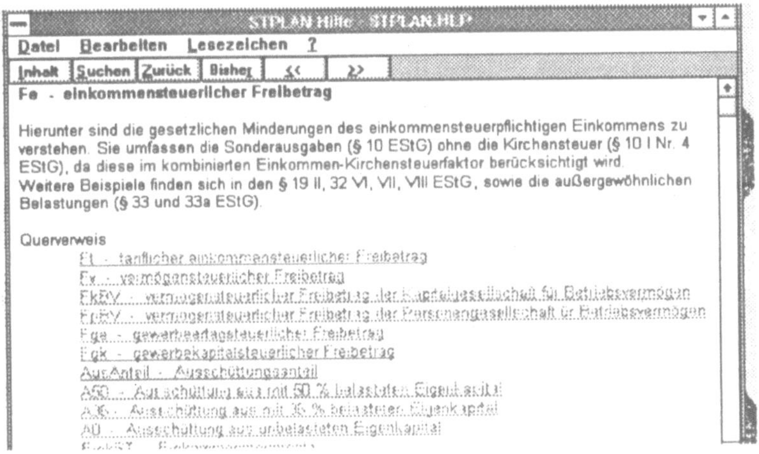

Abb. 40 Hilfetext "einkommensteuerlicher Freibetrag"

3.8.2 Hilfe Tastatur

Im Mittelpunkt dieses Hilfesystems stehen Hinweise zu Tastatureingaben in Windows 3.0-Programmen.

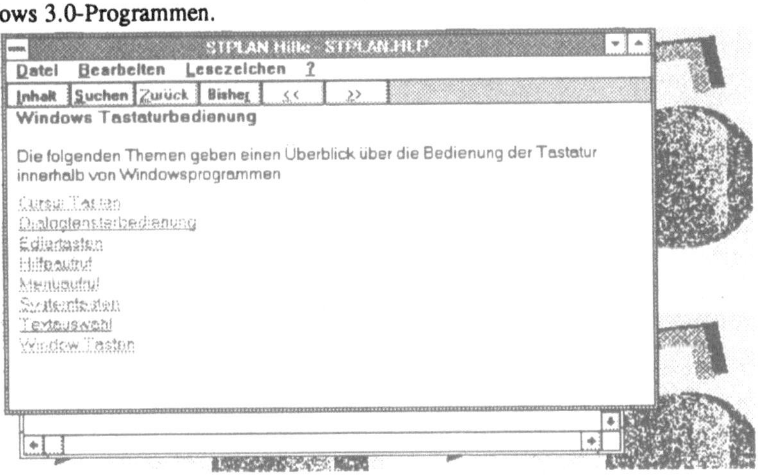

Abb. 41 Hilfesystem - Tastatur

3.8.3 Hilfe über Hilfe

Der Anwender wird hier über die Handhabung des Hilfesystems informiert.

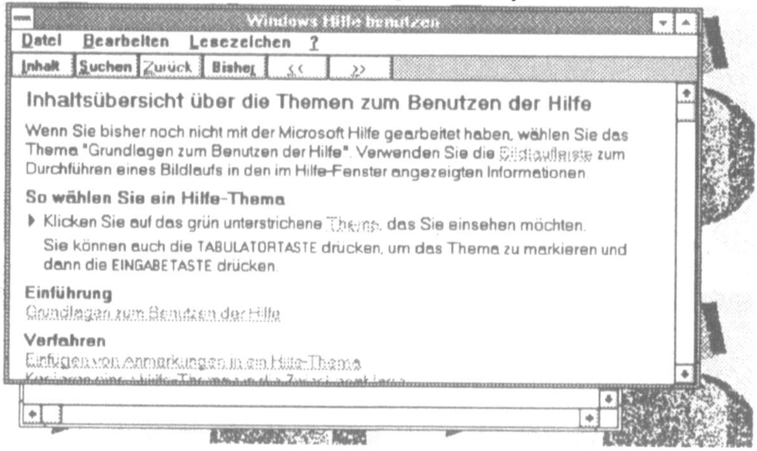

Abb. 42 Hilfe über Hilfe

4. Beispiele zur Steuerplanung mit Hilfe des Programms STPLAN für Windows

Nach der Erläuterung der Funktionsweise und Handhabung des PC-gestützten Steuerplanungsprogramms "STPLAN für Windows", sollen einige Beispiele seine Einsatzmöglichkeiten verdeutlichen.

4.1 Rechtsformwahl

Mit Hilfe der statischen Version des Steuerplanungsprogramms können die Steuerbelastungen unterschiedlicher Rechtsformen[102] abgebildet werden. Im Anhang I und II ist ein Steuerbelastungsvergleich zwischen einer Personengesellschaft und einer Kapitalgesellschaft abgebildet. An der OHG (POHG1) bzw. der GmbH (KGmbH) sind zwei Gesellschafter mit je 50 % beteiligt. Der Gesellschafter A (UntAp, bzw. GesAk) bezieht nur Einkünfte aus der Gesellschaft und unterliegt einer achtprozentigen Kirchensteuer. Auch der Gesellschafter B (UntBp, bzw. GesBk) hat nur Einkünfte aus der Gesellschaft, unterliegt jedoch einer neunprozentigen Kirchensteuer. Den Berechnungen wird der vom Programm errechnete Durchschnittsteuersatz zugrunde gelegt. Die Gesellschaft erwirtschaftete einen Ertrag vor Steuern von 500.000 DM, wobei 100.000 DM als Geschäftsführergehalt für A und 10.000 Fremdkapitalzins für ein Darlehen in Höhe von 100.000 DM des B enthalten sind. Andere Dauerschulden sind nicht vorhanden. Das Kapital der Handelsbilanz beträgt 5.000.000 DM. Der Einheitswert der GmbH wird auf 6.000.000 DM, der der OHG auf 6.100.000 DM - unter Berücksichtigung des Sonderbetriebsvermögens von 100.000 DM - veranschlagt. Es wird ein gemeiner Wert von 130 % zugrunde gelegt. Der Hebesatz beträgt 300 %. Die Gewinnverteilung erfolgt gemäß den Beteiligungsquoten. Es wird Vollausschüttung unterstellt. Die Vermögensteuer wird in Grenzbetrachungsweise[103] dargestellt. Von den Dauerschulden werden zunächst 50.000 DM (§ 12 II Nr. 1 Satz 2 GewStG) abgezogen und erst dann der übersteigende Betrag, zur Berücksichtigung bei der Gewerbekapitalsteuer, halbiert, da dieser Abzug vom Programm nicht berücksichtigt wird.

Die ausführlichen Auswertungen für die POHG1 sind im Anhang I, für die KGmbH im Anhang II dargestellt.

Die Ergebnisse[104] der Steuerplanung zeigen deutlich, daß hier unter steuerlichen Gesichtspunkten, die Personengesellschaft gegenüber der Kapitalgesellschaft die günstigere

---

102) vgl. hierzu auch Rose (1973), Jacobs/Schubert/Brewi (1978), Wagner/Dirrigl (1980), S. 187-202., Schreiber (1987)

103) das verwendete Tarifmodell "TARIF" bildet den Stand 1992 (ohne Berücksichtigung des Solidaritätszuschlags) ab und steuert die vermögensteuerliche Grenzbetrachtung an.

104) im nachfolgenden werden jeweils nur ganze DM-Beträge berücksichtigt, zu den auftretenden Differenzen vgl. 3.4.3

Rechtsform darstellt. Die Gesamtbelastung der Personengesellschaft und deren Gesellschafter beträgt 363.722 DM[105] gegenüber 394.497 DM[106] bei der Kapitalgesellschaft.

Die Gesellschafter könnten jedoch aus nichtsteuerlichen Gründen, z.B. wegen der Haftungsbeschränkung, trotzdem die Rechtsform der GmbH wünschen. Hier sind nun die Steuerlastanalysemöglichkeiten des Programms zu nutzen, um Ansatzpunkte zur Verminderung der Steuerlast der GmbH zu suchen. Die Steuerträgeranalyse[107] zeigt eine hohe Steuerbelastung des unternehmenseigenen Betriebsvermögens (Bu). Neben 35.543 DM Steuern der betrieblichen Sphäre, fallen noch 25.000 DM im privaten Bereich an. Die mögliche Alternative, die Verlagerung eines Teils des unternehmenseigenen (Bu) in inhabereigenens Betriebsvermögen (Bi), erscheint aus der Sicht der Steuerträgeranalyse sinnvoll, da die Doppelbelastung bei Bi entfällt. Eine genaue Analyse der Teilsteuerartenkomponenten[108] macht deutlich, daß Bu wesentlich höher belastet wird als Bi. Im Gesellschaftsbereich ergibt sich für Bu eine Belastung von 0,86 % und im privaten Bereich von 0,50 %. Bi wird dagegen nur in der Gesellschaftersphäre mit 0,50 % besteuert. Die Umwandlung von Bu in Bi, z.B. durch Gewährung von Gesellschafterdarlehen, stellt einen Ansatzpunkt zur Verminderung der Steuerlast dar.

Zur Neuberechnung werden die Modellkomponenten "KGmbH1" für die GmbH, "GesAK1" für den Gesellschafter A und "GesBK1" für den Gesellschafter B benutzt. Weiterhin wird eine Verlagerung von 2.500.000 DM von unternehmenseigenem in inhabereigenes Betriebsvermögen, in Form von Gesellschafterdarlehen unterstellt. A und B sind hierbei mit je 50 % beteiligt. Sie erhalten zehn Prozent Zins für ihr Darlehen. Der Anteilswert (Ma) der Gesellschaft wird hier mit 250.000 DM angesetzt. Der Einheitswert der GmbH beträgt jetzt 3.500.000 DM. Alle anderen Daten gelten weiter. Die detaillierten Ergebnisse dieser Analysen finden sich im Anhang III.

Die Auswertungen zeigen, daß zwar die Gesamtbelastung der Gesellschafter auf 216.157 DM[109] gegenüber vorher 118.783 DM[110] gestiegen ist. Die Belastung der Gesellschaft ist allerdings von 275.714 DM[111] auf 156.705 DM[112] gefallen. In der Gesamtbetrachtung für Gesellschaft und Gesellschafter verminderte sich die Steuerbelastung um 21.635 DM auf 372.862 DM.

Die in Anhang I, II und III in der kombinierten Steuerarten- und Steuerträgeranlyse bei einigen Freibeträgen (z.B. Fge) erscheinenden Parameter "-1" haben auf die Steuerbelastung keinen Einfluß. Sie sollen nur verdeutlichen, daß das Programm Freibeträge,

105) Anhang I Steuerartenbelastung
106) Anhang II Steuerartenbelastung
107) Anhang II Steuerträgeranalyse
108) Anhang II Steuerartenkomponenten der Teilsteuerfaktoren
109) Anhang III Steuerartenbelastung
110) Anhang II Steuerartenbelastung
111) Anhang II Steuerartenbelastung
112) Anhang III Steuerartenbelastung

sofern es mit Hilfe des Parameters "-1" aktiviert wurde, selbständig ermittelt, bzw. hier unberücksichtigt läßt.

4.2 *Ausschüttungspolitik: Gegenüberstellung der Thesaurierungs- und der Schütt-Aus-Hol-Zurück-Politik an einem konkreten Beispiel*

Die dynamische Version des Steuerplanungsprogramms kann zur Darstellung unterschiedlicher Ausschüttungspolitiken benutzt werden.[113] Im folgenden wird in einem einfachen Demonstrationsbeispiel die Schütt-Aus-Hol-Zurück-Politik einer Voll-Thesaurierung gegenübergestellt.

Eine GmbH mit zwei Gesellschaftern hat in den nächsten fünf Jahren jeweils einen Kapitalbedarf, der dem thesaurierten Betrag entspricht. Es werden folgende Daten prognostiziert.

Periode:	1	2	3	4	5
GmbH					
R	250.000	300.000	350.000	400.000	450.000
L	70.000	70.000	70.000	70.000	70.000
Bu	5000.000	5200.000	5400.000	5600.000	5800.000
Mbu	1000.000	1000.000	1000.000	1000.000	1000.000
Je Gesellschafter (GesTx, GesTy, GesAx und GesAy)					
R	125.000	150.000	175.000	200.000	225.000
Bu	2500.000	2600.000	2700.000	2800.000	2900.000
Mbu	500.000	500.000	500.000	500.000	500.000
Für Gesellschafter GesTx und GesAx:					
L	20.000	20.000	20.000	20.000	20.000
Für Gesellschafter GesTy und GesAy:					
L	50.000	50.000	50.000	50.000	50.000

Die Freibeträge stehen noch uneingeschränkt zur Verfügung. Alle anderen Bemessungsgrundlagen haben den Wert Null. Die Vermögensteuer wird in Grenzbetrachtungsweise dargestellt.[114] Vereinfachend wird hierbei unterstellt, daß in jeder Periode ein Kalkula-

---

113) vgl. Wagner/Dirrigl (1980), S. 114-152.

114) das verwendete Tarifmodell "TARIF" bildet den Stand 1992 (ohne Berücksichtigung des Solidaritätszuschlags) ab und steuert die vermögensteuerliche Grenzbetrachtung an.

tionszinsfuß nach Steuern von zehn Prozent vorliegt.[115] Emmissionskosten sind nicht in die Rechnung einbezogen. Im folgenden werden nur ganze Beträge herangezogen.

Die Analyse der Voll-Thesaurierung[116] weist nach fünf Zeitschritten für die Kapitalgesellschaft (KapT0)[117] eine diskontierte Gesamt-Steuerbelastung von 747.713 DM und für die Gesellschafter (GesTc und GesTe) eine von 174.311 DM aus.[118] Bei Anwendung der Schütt-Aus-Hol-Zurück-Politik[119] sinkt im gleichen Zeitraum die abgezinste Steuerbelastung der GmbH (KapA0)[120] auf 669.952 DM, während die Belastung der Gesellschafter (GesAc, GesAe) auf 210.832 DM steigt. Die Gesamtbelastung beider Sphären ist im Vergleich zur Thesaurierung um 41.260 DM auf 880.784 DM gesunken.[121] Die genauere Betrachtung zeigt, daß in den fünf Jahren die Ausschüttung bei der GmbH eine abgezinste Steuerentlastung von 77.761 DM ergibt, bei den Gesellschaftern eine geringfügige Steuerentlastung von 307 DM verursacht. Gleichzeitig steigt die Steuerbelastung der Leistungsvergütungen um 36.808 DM auf 93.207 DM.[122]

Hier wird unterstellt daß die durch die Steuerersparnis im Vergleich zur Thesaurierung, nicht wiedereinzulegenden Beträge von den Gesellschaftern zu Konsumzwecken verwendet oder außerhalb der Gesellschaft angelegt werden. Es besteht auch die Möglichkeit, die Einlage dieser Beträge zu simulieren. Die abgespeicherten Bemessungsgrundlagen können vor jeder Periode verändert werden. Insbesondere sind dann das Vermögen und der mit ihm erwirtschaftete Ertrag anzupassen.

Bisher wurde jeweils der gesamte ausschüttungsfähige Betrag thesauriert bzw. ausgeschüttet. Wegen des progressiv ansteigenden Einkommensteuertarifs, kann es vorteilhaft sein, den Betrag auf beide Alternativen aufzuteilen. Zur Optimierung dieser Aufteilung kann der Grenz-Einkommen/Kirchensteuersatz der Gesellschafter herangezogen werden.[123] Da das zu versteuernde Einkommen der Gesellschafter differieren kann, werden die Grenzsteuersätze getrennt ausgewiesen. Die Analyse zur Verbesserung kann so aus den Blickwinkeln der unterschiedlichen Beteiligten angestellt werden.[124] Auf die Darstellung der weiteren Analyse wurde verzichtet.

115) zur Berechnung vgl. Kapitel 2.3.5.2.2.
116) Anhang IV
117) die abgespeicherten Bemessungsgrundlagendateien der GmbH für die einzelnen Perioden lauten: KapT1, KapT2, KapT3, KapT4, KapT5
118) Anhang IV
119) Anhang V
120) die abgespeicherten Bemessungsgrundlagendateien der GmbH für die einzelnen lauten: KapA1, KapA2, KapA3, KapA4, KapA5
121) Anhang V
122) Anhang V, vgl. A56, A0 und L
123) vgl. im einzelnen Wagner/Dirrigl (1980), S. 133-139.
124) zu dieser Problematik vgl. Abschnitt 2.3.3.

4.3 Auswirkungen von Steuerrechtsänderungen

Die Auswirkungen von beabsichtigten Steuerrechtsänderungen für das Unternehmen und / oder die Gesellschafter können bereits im Vorfeld simuliert werden. Für den Fall, daß grundlegende Strukturen, wie z.B. die Abzugsfähigkeit einer Steuer von einer anderen oder der Einkommensteuertarif geändert werden, ist diese Änderung auch im Programm zu berücksichtigen. Andere Abweichungen können durch Variation der Bemessung-grundlagenteile oder der verwendeten Steuersätze erfaßt werden. Diese Vorabberechnungen ermöglichen die frühzeitige Entwicklung von Strategien, die der neuen Situation Rechnung tragen.

Das Beispiel der Kapitalgesellschaft aus dem Rechtsformwahlmodell (KGmbH) zeigt unter Zugrundelegung der Steuertarife von 1988[125] eine um 16.819 DM auf 411.316 DM gestiegene Steuerbelastung. Die Senkung des Körperschaftsteuersatzes bewirkte eine Reduktion der betrieblichen Steuern (1991: 275.714 DM gegenüber 1988: 280.328 DM[126]).

Als weiteres Beispiel könnte hier die Simulation der geplanten Erhöhung des vermögensteuerlichen Freibetrags auf Betriebsvermögen von 125.000 DM auf 500.000 DM angeführt werden.

4.4 Weitere Anwendungsmöglichkeiten

Die dargestellten Beispiele repräsentieren nur ein kleines Spektrum der Einsatzmöglichkeiten des Steuerplanungsprogramms. Die beiden vorgestellten Beispiele wurden zu Demonstrationszwecken einfach und anschaulich gehalten. Das Programm kann aber auch durchaus komplexere Probleme, sofern sie von den vorgegebenen Bemessungsgrundlagen hinreichend erfaßt werden können, bearbeiten.

STPLAN für Windows ist auch in der Lage, andere Anwendungsbereiche als die bisher angeführten zu bearbeiten.

4.4.1 Bilanzpolitik

Mit Hilfe des dynamischen Modells können unterschiedliche Gewinnausweisstrategien simuliert werden. Als Optimierungshinweis kann hier der, in den Ausgaben der dynamischen Version angegebene Grenz-Einkommen/Kirchensteuersatz[127] benutzt werden.

4.4.2 Beurteilung von Investitionen

Allerdings kann hier nur eine Beurteilung unter steuerlichen Gesichtspunkten vorgenommen werden. Hierbei können die Änderungen der Bemessungsgrundlagen isoliert für

125) Tarifmodell "Tarif88"
126) Modellteilnehmer: KGmbH88, GesAk88, GesBk88, vgl. Anhang VI Steuerartenbelastung
127) vgl. Wagner/Dirrigl (1980), S. 288-293., der hierfür den privaten Grenzertragsteuersatz benutzt.

die Investition oder zusammen mit den restlichen Werten der Gesellschaft untersucht werden. Der Unsicherheit kann durch mehrmaliges Durchrechnen des Modells mit unterschiedlichen Daten, z.B. einer ungünstigen, einer mittleren und einer günstigen Prognose, Rechnung getragen werden. Nach Gewichtung der Ergebnisse mit den angenommen Eintrittswahrscheinlichkeiten kann ein Gesamtergebnis ermittelt werden. Diese Berechnung ist allerdings von Hand vorzunehmen.

LITERATURVERZEICHNIS

Anforderungsprofil des Steuerberaters: Hrsg: Bundessteuerberaterkammer - Anstalt des öffentlichen Rechts, Anforderungsprofil des Steuerberaters vom 2.8.1985

Bilstein (1975): Bilstein, Jürgen: Anwendungsprobleme der Teilsteuerrechnung bei Personengesellschaften, in: DB, 1975, S. 2189 - 2194

Blohm/Lüder (1991): Blohm, Hans / Lüder, Klaus: Investition: Schwachstellen im Investitionsbereich des Industriebetriebs und Wege zu ihrer Beseitigung, 7. Aufl., München 1991

Biergans (1992): Biergans, Enno: Einkommensteuer und Steuerbilanz : systematischer Kommentar, 6. Aufl., München 1992.

Dedner/Günther (1980): Dedner, Martin / Günther, Rolf: Zur Ertragsteuerplanung unter Berücksichtigung des zeitlichen Auseinanderfallens von Steuerschuld und Steuerzahlung auf der Grundlage modellexogener Daten, in: ZfB, 50. Jg., 1980, S. 853 - 874

Dziadkowski (1973): Dziadkowski, Dieter: Die Elemente des Steuerbilanz-Gewinns, Köln 1973, Dissertation

Eggesiecker/Ruhl (1980): Eggesiecker, Fritz / Ruhl, Ulrich: Erleichterung der Teilsteuerrechnung durch Verwendung von Matrizen, in: StuW, 1980, S. 167 - 171

Eisenach (1974): Eisenach, Manfred: Entscheidungsorientierte Steuerplanung, Wiesbaden 1974, zugleich Dissertation

Federmann (1980): Federmann, Rudolf: Beziehung zwischen betrieblichen Steuern, in: DB, 1980, S. 1653 - 1658 und 1707 - 1710

Gaal (1979): Gaal, Anton: Die Eignung der Teilsteuerrechnung als Recheninstrument der Ertragsteuerplanung, Dissertation, Duisburg 1979

Hax (1979a): Hax, Herbert: Anwendung der Teilsteuerrechnung zur Vorbereitung von finanzwirtschaftlichen Entscheidungen, in: BFuP, 1979, S. 309- 324

Hax (1979b): Hax, Herbert: Zur Bedeutung der Körperschaftsteuerreform von 1977 für die Dividenenpolitik von Aktiengesellschaften, in: ZFBF, 1979, S. 322-334

Heigl/Melcher (1974): Heigl, Anton / Melcher, Günther-Herbert: Betriebliche Steuerpolitik - Ertragsteuerplanung, Köln 1974

Heinhold (1979): Heinhold, Michael: Betriebliche Steuerplanung mit quantitativen Methoden, München 1979

Herzig (1977): Herzig, Norbert: Auswirkungen der Körperschaftsteuerreform auf das System der Teilsteuerrechnung, in: StuW, 1977, S. 143 - 156

Jacobs (1984): Jacobs, Otto H. / Schreiber, Ulrich / Scheffler, Wolfram / Staiger, Jürgen: EDV-gestützte Finanz- und Steuerplanung - Materialien zum Einsatz von Mikrocomputern im Bereich der Betriebswirtschaftlichen Steuerlehre; Diskussionspapier des Lehrstuhls für Allgemeine Betriebswirtschaftslehre, Treuhandwesen und Betriebswirtschaftliche Steuerlehre (II) der Universität Mannheim (Prof. Jacobs), Mannheim 1984

Jacobs/Brewi/Schubert (1978): Jacobs, Otto H. / Brewi, Karl / Schubert, Rainer: Steueroptimale Rechtsform mittelständischer Unternehmen: Ein Steuerbelastungsvergleich der wichtigsten Rechtsformen mittelständischer Unternehmen, München 1978

Jung (1984): Jung, Hubert: Instrumente der betrieblichen Steuerplanung von Personengesellschaften - Integration in eine computergestützte Instrumentenbank, München 1984

Kaefer (1974): Kaeffer, Wolfgang: Grundlagen und Modelle zu Steuerbelastungsanalysen und -vergleichen mit Hilfe der automatischen Datenverarbeitung, Köln 1974

Kelpe (1980): Kelpe, Rainer: Steuerorientierte Investitionsrechnung: Ein Beitrag zur Integration der Steuerplanung in die Investitionsplanung, München 1980

Kratz (1986): Kratz, Peter: Steuerplanung internationaler Unternehmungen: System und Methode, Bern, Stuttgart 1986

König/Kunkel/Stegmaier (1992): König, Rolf Jürgen / Kunkel, Patricia / Stegmaier, Wolfgang : Auswirkungen der Einführung des Staffeltarifs bei der Gewerbeertragsteuer, in: DStR 1992, S. 922 - 927.

Laux (1988): Laux, Hans: Der neue EST-Tarif 88, in: BB, 1988, S. 180 - 184

Marettek (1980): Marettek, Alexander: Steuerbilanzplanung, Herne, Berlin 1980

Marettek (1982): Marettek, Alexander: Die Techniken der Steuerplanung, in WISU, 1982, S. 19 - 25, 175 - 181, 389 - 392 und 439 - 444

Mellwig (1985): Mellwig, Winfried: Investition und Besteuerung, Wiesbaden 1985

Mermagen (1984): Mermagen, Wilhelm: Teilsteuerarten - Ein Ansatz zur Förderung der Transparenz von Steuerbelastungsvergleichen, in: DB 1984, S. 1153 - 1156

Rose (1973): Rose, Gerd: Die Steuerbelastung der Unternehmung - Grundzüge der Teilsteuerrechnung, Wiesbaden 1973

Rose (1978): Rose, Gerd: Zur Anwendung der Teilsteuerrechnung bei praktischen Aufgabenstellungen aus dem Bereich der steuerlichen Kautelarjurisprudenz, in: Festschrift für Werner Flume zum 70. Geburtstag, hrsg. v. Jakobs, O., 1978

Rose (1979): Rose, Gerd: Einführung in die Teilsteuerrechnung, in: BFuP, 1979, S. 293 - 308

Rose (1982): Rose, Gerd: Grundgerüst einer theoretischen betriebswirtschaftlichen Steuerwirkungslehre, in: Neuere Entwicklungen in der Unternehmenstheorie, hrsg. v. Koch, Helmut, Wiesbaden 1982, S. 221 - 245

Rose (1983): Rose, Gerd: Betriebswirtschaftlich bedeutsame Eigenschaften des Steuersystems, in: Staatsfinanzierung im Wandel, Hrsg. Hansmeyer, Karl-Heinrich, Berlin 1983, S. 81 - 108

Rose (1988): Rose, Gerd: Betrieb und Steuer Band 3: Die Substanzsteuern, 7. Aufl., Wiesbaden 1988

Rose (1992a): Rose, Gerd: Betrieb und Steuer Band 1: Die Ertragsteuern, 12. Aufl., Wiesbaden 1992

Rose (1992b): Rose, Gerd: Betriebswirtschaftliche Steuerlehre - Eine Einführung für Fortgeschrittene, 3. überarbeitete Aufl., Wiesbaden 1992

Saliger (1988): Saliger, Edgar: Betriebswirtschaftliche Entscheidungstheorie, 2. Aufl., München 1988

Scheffler (1991): Scheffler, Wolfram: Veranlagungssimulation versus Teilsteuerrechnung, in: WiSt 1991, S. 69 - 75

Schneider D. (1985): Schneider, Dieter: Grundzüge der Unternehmensbesteuerung, 4. Aufl., Wiesbaden 1985

Schneider D. (1989): Schneider, Dieter: Investition, Finanzierung und Besteuerung, 6. vollst. neu. bearb. Aufl., Wiesbaden 1989

Schreiber (1987): Schreiber, Ulrich: Rechtsformabhängige Unternehmensbesteuerung, Köln 1987

Siegel (1980): Siegel, Theodor: Auseinanderfallen von Steuerentstehung und Steuerzahlung bei der Steuerbilanzplanung, in: ZfB, 1980, S. 377 - 386

Siegel (1982): Siegel, Theodor: Steuerwirkungen und Steuerpolitik in der Unternehmung, Würzburg 1982

Siegel (1983): Siegel, Theodor: Die Bedeutung gewinn- und substanzsteuerlicher Abschreibungen für die Bestimmung des Kalkulationszinfusses, in: ZFBF, 1983, S. 10-28

Storz (1984): Storz, Peter: Steuerplanung im Unternehmen mit einem computergestützten Modell, München 1984, zugleich Dissertation

Wagner (1984): Wagner, Franz W.: Grundfragen und Entwicklungstendenzen der betriebswirtschaftlichen Steuerplanung, in: BFuP, 1984, S. 201 - 222

Wagner/Dirrigl (1980): Wagner, Franz W. / Dirrigl, Hans: Die Steuerplanung der Unternehmung, Stuttgart 1980

Wild (1974): Wild, Jürgen: Grundlagen der Unternehmensplanung, Reinbek bei Hamburg 1974

Wöhe (1985): Wöhe, Günter: Betriebswirtschaftliche Beratung mittelständischer Unternehmen, in: DStR, 1985, S. 583 - 588 und 627 - 632

Wöhe (1991): Wöhe, Günter: Die Steuern des Unternehmens, 6. Aufl., München 1991.

Wöhe/John (1980): Wöhe, Günter / John, Gerd: Steuerliche Planung, in: AGPLAN-Handbuch zur Unternehmensplanung, hrsg. v. Hans-Günter Grünewald; Wolfgang Kilger; Wolfgang Seif, Berlin, 1970, 22. Ergänzungslieferung, 1980 Kennziffer 2741, S. 1-97

Anhang I

Rechtsformwahl

(Personengesellschaft)

Modellteilnehmer:

POHG1

UntAp

UntBp

Tarifmodell:

Tarif

Auswertungen:

Kombinierte Steuerarten- und Steuerträgerrechnung

Steuerartenbelastung

Steuerträgeranalyse

Steuertarife

Steuerartenkompenten der Teilsteuerfaktoren

Kombinierte Steuerarten- und Steuerträgeranalyse für POHG1

	BMGL		GewKST	GewEST		TeilST
R	610000.00			79565.22		79565.22
Me						
Mk						
L						
A						
Mge						
Fe						
Ft						
Bu	5000000.00		30000.00	-3913.04		26086.96
Mbu	1000000.00		6000.00	-782.61		5217.39
Bi	100000.00		600.00	-78.26		521.74
Mbi						
Ma						
Mvu						
Mvi						
Mgku						
Mgki						
Fv	-1.00					
FkBv	-1.00					
FpBV	-1.00					
Fge	36000.00			-4695.65		-4695.65
Fgk	120000.00		-720.00	93.91		-626.09
A50						
A36						
A0						
StArtenBel	0.00	0.00	35880.00	70189.57	0.00	106069.57

Kombinierte Steuerarten- und Steuerträgeranalyse für UntAp
Eink/KirchSTSatz Durch.: 48.9 Grenzst.: 54.91 zuverst.Eink.:286387.28

	BMGL	VST			EinkST	TeilST
R	350000.00				146352.29	146352.29
Me						
Mk						
L						
A						
Mge						
Fe						
Ft						
Bu	2500000.00	9375.00			-6272.24	3102.76
Mbu	500000.00	1875.00			-1254.45	620.55
Bi						
Mbi						
Ma						
Mvu						
Mvi						
Mgku						
Mgki						
Fv	70000.00	-350.00				-350.00
FkBv						
FpBV	125000.00	-468.75				-468.75
Fge	18000.00				1129.00	1129.00
Fgk	60000.00				150.53	150.53
A50						
A36						
A0						
StArtenBel	0.00	10431.25	0.00	0.00	140105.13	150536.38

Kombinierte Steuerarten- und Steuerträgeranalyse für UntBp
Eink/KirchSTSatz Durch.: 45.31 Grenzst.: 55.14 zuverst.Eink.:199222.78

	BMGL	VST			EinkST	TeilST
R	260000.00				102432.98	102432.98
Me						
Mk						
L						
A						
Mge						
Fe						
Ft						
Bu	2500000.00	9375.00			-5909.59	3465.41
Mbu	500000.00	1875.00			-1181.92	693.08
Bi	100000.00	375.00			-236.38	138.62
Mbi						
Ma						
Mvu						
Mvi						
Mgku						
Mgki						
Fv	70000.00	-350.00				-350.00
FkBv						
FpBV	125000.00	-468.75				-468.75
Fge	18000.00				1063.73	1063.73
Fgk	60000.00				141.83	141.83
A50						
A36						
A0						
StArtenBel	0.00	10806.25	0.00	0.00	96310.64	107116.89

Modellteilnehmer : POHG1 UntAp UntBp

Gesamtübersicht Steuerartenbelastung

Betriebliche Steuern

Gewerbekapitalsteuer	:	35880.00	
Gewerbeertragsteuer	:	70189.57	
Gesamtsteuer Betrieb	:		106069.57

Private Steuern

Vermögensteuer nat.Pers	:	21237.50	
Einkommen/Kirchensteuer	:	236415.77	
Gesamtsteuer Privat	:		257653.27
Summe der Steuern (Betrieb + Privat)	:		363722.84

Steuerträgeranalyse für Modellteilnehmer :POHG1 UntAp UntBp

BMGL	Betriebl.	Privat	Summe	Teilsteuer
R	79565.22	248785.26	328350.48	
Me				
Mk				
L				
A				
Mge				
Fe				
Ft				
Bu	26086.96	6568.16	32655.12	
Mbu	5217.39	1313.63	6531.02	
Bi	521.74	138.62	660.36	
Mbi				
Ma				
Mvu				
Mvi				
Mgku				
Mgki				
Fv		-700.00	-700.00	
FkBv				
FpBV		-937.50	-937.50	
Fge	-4695.65	2192.73	-2502.92	
Fgk	-626.09	292.36	-333.72	
A50				
A36				
A0				
StArtenBel	106069.57	257653.27	363722.84	

```
Modellteilnehmer : POHG1  UntAp  UntBp
Tarifmodell : Tarif

 S T E U E R S Ä T Z E   I N   PROZENT

Vermögensteuer Kaptialgesellschaft      :  0.60
Vermögensteuer natürliche Personen      :  0.50
 Achtung : Vermögensteuer in Grenzbetrachtungsdarstellung


Gewerbeertragsteuersatz                 : 13.04
Gewerbekapitalsteuersatz                :  0.60


KörperschaftSTsatz - Tarifbelastung     : 50.00
KörperschaftSTsatz - Ausschüttungsbel.  : 56.25


Einkommen/Kirch-STsatz (allgemein)      : 54.91

 Einkommen / KirchenSTsätze für einzelne Gesellschafter
Name   Eink/KirchST % Satz (Durch)      (Grenz) zu verst. Einkommen
Modellteil : UntAp         48.09       54.91   286387.28
Modellteil : UntBp         45.31       55.14   199222.78
```

Steuerartenkomponenten der Teilsteuerfaktoren (in Prozent) für : POHG1

	BMGL	GewKST	GewEST	TeilST
R	100.00		13.04	13.04
Me				
Mk				
L				
A				
Mge				
Fe				
Ft				
Bu	100.00	0.60	-0.08	0.52
Mbu	100.00	0.60	-0.08	0.52
Bi	100.00	0.60	-0.08	0.52
Mbi				
Ma				
Mvu				
Mvi				
Mgku				
Mgki				
Fv	100.00			
FkBv	100.00			
FpBV	100.00			
Fge	100.00		-13.04	-13.04
Fgk	100.00	-0.60	0.08	-0.52
A50				
A36				
A0				

Steuerartenkomponenten der Teilsteuerfaktoren (in Prozent) für : UntAp
Eink/KirchSTSatz Durchs.: 48.9 Grenzs.: 54.91 zuverst. Eink. 286387.28

	BMGL	VST	EinkST	TeilST
R	100.00		41.81	41.81
Me				
Mk				
L				
A				
Mge				
Fe				
Ft				
Bu	100.00	0.38	-0.25	0.12
Mbu	100.00	0.38	-0.25	0.12
Bi				
Mbi				
Ma				
Mvu				
Mvi				
Mgku				
Mgki				
Fv	100.00	-0.50		-0.50
FkBv				
FpBV	100.00	-0.38		-0.38
Fge	100.00		6.27	6.27
Fgk	100.00		0.25	0.25
A50				
A36				
A0				

Steuerartenkomponenten der Teilsteuerfaktoren (in Prozent) für : UntBp
Eink/KirchSTSatz Durchs.: 45.31 Grenzs.: 55.14 zuverst. Eink. 199222.78

	BMGL	VST	EinkST	TeilST
R	100.00		39.40	39.40
Me				
Mk				
L				
A				
Mge				
Fe				
Ft				
Bu	100.00	0.38	-0.24	0.14
Mbu	100.00	0.38	-0.24	0.14
Bi	100.00	0.38	-0.24	0.14
Mbi				
Ma				
Mvu				
Mvi				
Mgku				
Mgki				
Fv	100.00	-0.50		-0.50
FkBv				
FpBV	100.00	-0.38		-0.38
Fge	100.00		5.91	5.91
Fgk	100.00		0.24	0.24
A50				
A36				
A0				

Anhang II

Rechtsformwahl

(Kapitalgesellschaft)

Modellteilnehmer:
KGmbH
GesAk
GesBk

Tarifmodell:
Tarif

Auswertungen:

Kombinierte Steuerarten- und Steuerträgerrechnung
Steuerartenbelastung
Steuerträgeranalyse
Steuertarife
Steuerartenkompenten der Teilsteuerfaktoren

Kombinierte Steuerarten- und Steuerträgeranalyse für kGmbH

	BMGL	VST	GewKST	GewEST	KST	TeilST
R	610000.00			79565.22	265217.39	344782.61
Me						
Mk						
L	110000.00			-14347.83	-47826.09	-62173.91
A	224285.91					
Mge	5000.00			652.17	-326.09	326.09
Fe						
Ft						
Bu	5000000.00	22500.00	30000.00	-3913.04	-13043.48	35543.48
Mbu	1000000.00	4500.00	6000.00	-782.61	-2608.70	7108.70
Bi	100000.00					
Mbi						
Ma	500000.00					
Mvu						
Mvi						
Mgku	25000.00		150.00	-19.57	-65.22	65.22
Mgki						
Fv						
FkBv	125000.00	-562.50				-562.50
FpBV	-1.00					
Fge	-1.00					
Fgk	120000.00		-720.00	93.91	313.04	-313.04
A50	224285.91				-49062.54	-49062.54
A36						
A0						
StArtenBel	0.00	26437.50	35430.00	61248.26	152598.33	275714.09

Kombinierte Steuerarten- und Steuerträgeranalyse für GesAk
Eink/KirchSTSatz Durch.: 47.55 Grenzst.: 54.91 zuverst.Eink.:265529.79

	BMGL	VST		KST-Anr.	EinkST	TeilST
R						
Me						
Mk						
L	100000.00				47548.06	47548.06
A	112142.96			-63080.41	83315.31	20234.90
Mge	2500.00					
Fe						
Ft						
Bu	2500000.00	12500.00				12500.00
Mbu	500000.00	2500.00				2500.00
Bi						
Mbi						
Ma	250000.00	1250.00				1250.00
Mvu						
Mvi						
Mgku	12500.00					
Mgki						
Fv	70000.00	-350.00				-350.00
FkBv	-1.00					
FpBV	-1.00					
Fge	-1.00					
Fgk	-1.00					
A50						
A36						
A0						
StArtenBel	0.00	15900.00	0.00	-63080.41	130863.37	83682.96

Kombinierte Steuerarten- und Steuerträgeranalyse für GesBk
Eink/KirchSTSatz Durch.: 44.15 Grenzst.: 55.14 zuverst.Eink.:178470.80

	BMGL	VST		KST-Anr.	EinkST	TeilST
R						
Me						
Mk						
L	10000.00				4415.27	4415.27
A	112142.96			-63080.41	77365.82	14285.41
Mge	2500.00					
Fe						
Ft						
Bu	2500000.00	12500.00				12500.00
Mbu	500000.00	2500.00				2500.00
Bi	100000.00	500.00				500.00
Mbi						
Ma	250000.00	1250.00				1250.00
Mvu						
Mvi						
Mgku	12500.00					
Mgki						
Fv	70000.00	-350.00				-350.00
FkBv	-1.00					
FpBV	-1.00					
Fge	-1.00					
Fgk	-1.00					
A50						
A36						
A0						
StArtenBel	0.00	16400.00	0.00	-63080.41	81781.09	35100.68

Modellteilnehmer : kGmbH GesAk GesBk

Gesamtübersicht Steuerartenbelastung

Betriebliche Steuern

Vermögensteuer Kap.ges	:	26437.50	
Gewerbekapitalsteuer	:	35430.00	
Gewerbeertragsteuer	:	61248.26	
Körperschaftsteuer	:	152598.33	
Gesamtsteuer Betrieb	:		275714.09

Private Steuern

Vermögensteuer nat.Pers	:	32300.00	
Körperschaftsteuer-Rückerstattung	:	-126160.83	
Einkommen/Kirchensteuer	:	212644.46	
Gesamtsteuer Privat	:		118783.64

Summe der Steuern (Betrieb + Privat)	:		394497.72

Steuerträgeranalyse für Modellteilnehmer :kGmbH GesAk GesBk

BMGL	Betriebl.	Privat	Summe	Teilsteuer
R	344782.61		344782.61	
Me				
Mk				
L	-62173.91	51963.33	-10210.59	
A		34520.31	34520.31	
Mge	326.09		326.09	
Fe				
Ft				
Bu	35543.48	25000.00	60543.48	
Mbu	7108.70	5000.00	12108.70	
Bi		500.00	500.00	
Mbi				
Ma		2500.00	2500.00	
Mvu				
Mvi				
Mgku	65.22		65.22	
Mgki				
Fv		-700.00	-700.00	
FkBv	-562.50		-562.50	
FpBV				
Fge				
Fgk	-313.04		-313.04	
A50	-49062.54		-49062.54	
A36				
A0				
StArtenBel	275714.09	118783.64	394497.72	

```
Modellteilnehmer : kGmbH  GesAk  GesBk
Tarifmodell : Tarif

 S T E U E R S Ä T Z E   I N   PROZENT

Vermögensteuer Kaptialgesellschaft     :  0.60
Vermögensteuer natürliche Personen     :  0.50
 Achtung : Vermögensteuer in Grenzbetrachtungsdarstellung


Gewerbeertragsteuersatz                : 13.04
Gewerbekapitalsteuersatz               :  0.60


KörperschaftSTsatz - Tarifbelastung    : 50.00
KörperschaftSTsatz - Ausschüttungsbel. : 56.25


Einkommen/Kirch-STsatz (allgemein)     : 54.91

 Einkommen / KirchenSTsätze für einzelne Gesellschafter
Name   Eink/KirchST % Satz (Durch)      (Grenz) zu verst. Einkommen
Modellteil : GesAk         47.55        54.91   265529.79
Modellteil : GesBk         44.15        55.14   178470.80
```

Steuerartenkomponenten der Teilsteuerfaktoren (in Prozent) für : kGmbH

	BMGL	VST	GewKST	GewEST	KST	TeilST
R	100.00			13.04	43.48	56.52
Me						
Mk						
L	100.00			-13.04	-43.48	-56.52
A	100.00					
Mge	100.00			13.04	-6.52	6.52
Fe						
Ft						
Bu	100.00	0.45	0.60	-0.08	-0.26	0.71
Mbu	100.00	0.45	0.60	-0.08	-0.26	0.71
Bi	100.00					
Mbi						
Ma	100.00					
Mvu						
Mvi						
Mgku	100.00		0.60	-0.08	-0.26	0.26
Mgki						
Fv						
FkBv	100.00	-0.45				-0.45
FpBV	100.00					
Fge	100.00					
Fgk	100.00		-0.60	0.08	0.26	-0.26
A50	100.00				-21.88	-21.88
A36						
A0						

Steuerartenkomponenten der Teilsteuerfaktoren (in Prozent) für : GesAk
Eink/KirchSTSatz Durchs.: 47.55 Grenzs.: 54.91 zuverst. Eink. 265529.79

	BMGL	VST	KST-Anr.	EinkST	TeilST
R					
Me					
Mk					
L	100.00			47.55	47.55
A	100.00		-56.25	74.29	18.04
Mge	100.00				
Fe					
Ft					
Bu	100.00	0.50			0.50
Mbu	100.00	0.50			0.50
Bi					
Mbi					
Ma	100.00	0.50			0.50
Mvu					
Mvi					
Mgku	100.00				
Mgki					
Fv	100.00	-0.50			-0.50
FkBv	100.00				
FpBV	100.00				
Fge	100.00				
Fgk	100.00				
A50					
A36					
A0					

Steuerartenkomponenten der Teilsteuerfaktoren (in Prozent) für : GesBk
Eink/KirchSTSatz Durchs.: 44.15 Grenzs.: 55.14 zuverst. Eink. 178470.80

	BMGL	VST	KST-Anr.	EinkST	TeilST
R					
Me					
Mk					
L	100.00			44.15	44.15
A	100.00		-56.25	68.99	12.74
Mge	100.00				
Fe					
Ft					
Bu	100.00	0.50			0.50
Mbu	100.00	0.50			0.50
Bi	100.00	0.50			0.50
Mbi					
Ma	100.00	0.50			0.50
Mvu					
Mvi					
Mgku	100.00				
Mgki					
Fv	100.00	-0.50			-0.50
FkBv	100.00				
FpBV	100.00				
Fge	100.00				
Fgk	100.00				
A50					
A36					
A0					

Anhang III

Rechtsformwahl

(Kapitalgesellschaft)

Modellteilnehmer:

KGmbH1

GesAk1

GesBk1

Tarifmodell:

Tarif

Auswertungen:

Kombinierte Steuerarten- und Steuerträgerrechnung

Steuerartenbelastung

Steuerträgeranalyse

Kombinierte Steuerarten- und Steuerträgeranalyse für kGmbH1

	BMGL	VST	GewKST	GewEST	KST	TeilST
R	610000.00			79565.22	265217.39	344782.61
Me						
Mk						
L	360000.00			-46956.52	-156521.74	-203478.26
A	93294.61					
Mge	130000.00			16956.52	-8478.26	8478.26
Fe						
Ft						
Bu	2500000.00	11250.00	15000.00	-1956.52	-6521.74	17771.74
Mbu	1000000.00	4500.00	6000.00	-782.61	-2608.70	7108.70
Bi	2600000.00					
Mbi						
Ma	250000.00					
Mvu						
Mvi						
Mgku	1275000.00		7650.00	-997.83	-3326.09	3326.09
Mgki						
Fv						
FkBv	125000.00	-562.50				-562.50
FpBV	-1.00					
Fge	-1.00					
Fgk	120000.00		-720.00	93.91	313.04	-313.04
A50	93294.61				-20408.20	-20408.20
A36						
A0						
StArtenBel	0.00	15187.50	27930.00	45922.17	67665.72	156705.39

Kombinierte Steuerarten- und Steuerträgeranalyse für GesAk1
Eink/KirchSTSatz Durch.: 48.11 Grenzst.: 54.91 zuverst.Eink.:287271.0

	BMGL	VST		KST-Anr.	EinkST	TeilST
R						
Me						
Mk						
L	225000.00				108243.64	108243.64
A	46647.30			-26239.11	35064.40	8825.29
Mge	65000.00					
Fe						
Ft						
Bu	1250000.00	6250.00				6250.00
Mbu	500000.00	2500.00				2500.00
Bi	1250000.00	6250.00				6250.00
Mbi						
Ma	125000.00	625.00				625.00
Mvu						
Mvi						
Mgku	637500.00					
Mgki						
Fv	70000.00	-350.00				-350.00
FkBv	-1.00					
FpBV	-1.00					
Fge	-1.00					
Fgk	-1.00					
A50						
A36						
A0						
StArtenBel	0.00	15275.00	0.00	-26239.11	143308.04	132343.93

Kombinierte Steuerarten- und Steuerträgeranalyse für GesBk1
Eink/KirchSTSatz Durch.: 45.35 Grenzst.: 55.14 zuverst.Eink.:200102.4

	BMGL	VST		KST-Anr.	EinkST	TeilST
R						
Me						
Mk						
L	135000.00				61223.13	61223.13
A	46647.30			-26239.11	33054.33	6815.22
Mge	65000.00					
Fe						
Ft						
Bu	1250000.00	6250.00				6250.00
Mbu	500000.00	2500.00				2500.00
Bi	1350000.00	6750.00				6750.00
Mbi						
Ma	125000.00	625.00				625.00
Mvu						
Mvi						
Mgku	637500.00					
Mgki						
Fv	70000.00	-350.00				-350.00
FkBv	-1.00					
FpBV	-1.00					
Fge	-1.00					
Fgk	-1.00					
A50						
A36						
A0						
StArtenBel	0.00	15775.00	0.00	-26239.11	94277.46	83813.35

Modellteilnehmer : kGmbH1 GesAk1 GesBk1

Gesamtübersicht Steuerartenbelastung

Betriebliche Steuern

Vermögensteuer Kap.ges	:	15187.50	
Gewerbekapitalsteuer	:	27930.00	
Gewerbeertragsteuer	:	45922.17	
Körperschaftsteuer	:	67665.72	
Gesamtsteuer Betrieb	:		156705.39

Private Steuern

Vermögensteuer nat.Pers	:	31050.00	
Körperschaftsteuer-Rückerstattung	:	-52478.22	
Einkommen/Kirchensteuer	:	237585.50	
Gesamtsteuer Privat	:		216157.28
Summe der Steuern (Betrieb + Privat)	:		372862.67

Steuerträgeranalyse für Modellteilnehmer :kGmbH1 GesAk1 GesBk1

BMGL	Betriebl.	Privat	Summe	Teilsteuer
R	344782.61		344782.61	
Me				
Mk				
L	-203478.26	169466.77	-34011.49	
A		15640.51	15640.51	
Mge	8478.26		8478.26	
Fe				
Ft				
Bu	17771.74	12500.00	30271.74	
Mbu	7108.70	5000.00	12108.70	
Bi		13000.00	13000.00	
Mbi				
Ma		1250.00	1250.00	
Mvu				
Mvi				
Mgku	3326.09		3326.09	
Mgki				
Fv		-700.00	-700.00	
FkBv	-562.50		-562.50	
FpBV				
Fge				
Fgk	-313.04		-313.04	
A50	-20408.20		-20408.20	
A36				
A0				
StArtenBel	156705.39	216157.28	372862.67	

Anhang IV

Ausschüttungspolitik

(Thesaurierungspolitik)

Modellteilnehmer:
KapT1, KapT2, KapT3, KapT4, KapT5
GesTx
GesTy

Tarifmodell:
Tarif

Auswertungen:

Dynamisierte Steuerträger und -artenanalyse
für die Periode 1,2,3,4 und 5
nominelle und diskontierte Steuerartenbelastung
dynamische kombinierte Steuerträger- und Steuerartenanalyse
dynamische Steuerträgeranalyse - Bemessungsgrundlagen

```
Dynamisierte Steuerträger und -artenanalyse für Modell: KapT1 GesTX GesTY
  für  P e r i o d e : 1      Diskontierungssatz 0.9091

Ausgabe für  KapT1
```

Name	BemNom KapT1	BemDis	TeilST	DisTeST
Teilsteuerbelastung				
R	250000.00	227272.73	141304.35	128458.50
Me	0.00	0.00	0.00	0.00
Mk	0.00	0.00	0.00	0.00
L	70000.00	63636.36	-39565.22	-35968.38
A	0.00	0.00	0.00	0.00
Mge	0.00	0.00	0.00	0.00
Fe	0.00	0.00	0.00	0.00
Ft	0.00	0.00	0.00	0.00
Bu	5000000.00	4545454.55	35543.48	32312.25
Mbu	1000000.00	909090.91	7108.70	6462.45
Bi	0.00	0.00	0.00	0.00
Mbi	0.00	0.00	0.00	0.00
Ma	0.00	0.00	0.00	0.00
Mvu	0.00	0.00	0.00	0.00
Mvi	0.00	0.00	0.00	0.00
Mgku	0.00	0.00	0.00	0.00
Mgki	0.00	0.00	0.00	0.00
Fv	0.00	0.00	0.00	0.00
FkBv	125000.00	113636.36	-562.50	-511.36
FpBV	0.00	0.00	0.00	0.00
Fge	0.00	0.00	0.00	0.00
Fgk	120000.00	109090.91	-313.04	-284.58
A50	0.00	0.00	0.00	0.00
A36	0.00	0.00	0.00	0.00
A0	0.00	0.00	0.00	0.00
Steuerartenbelastung				
VST	0.00	0.00	26437.50	24034.09
GewKST	0.00	0.00	35280.00	32072.73
GewEST	0.00	0.00	18876.52	17160.47
KST	0.00	0.00	62921.74	57201.58
EST	0.00	0.00	0.00	0.00
ESTGrenzSatz	0.00	0.00	0.00	0.00

Dynamisierte Steuerträger und -artenanalyse für Modell: KapT1 GesTX GesTY
für Periode: 1 Diskontierungssatz 0.9091

Ausgabe für GesTX

Name	BemNom GesTX	BemDis	TeilST	DisTeST
Teilsteuerbelastung				
R	125000.00	113636.36	0.00	0.00
Me	0.00	0.00	0.00	0.00
Mk	0.00	0.00	0.00	0.00
L	20000.00	18181.82	3131.85	2847.14
A	0.00	0.00	0.00	0.00
Mge	0.00	0.00	0.00	0.00
Fe	0.00	0.00	0.00	0.00
Ft	0.00	0.00	0.00	0.00
Bu	2500000.00	2272727.27	12500.00	11363.64
Mbu	500000.00	454545.45	2500.00	2272.73
Bi	0.00	0.00	0.00	0.00
Mbi	0.00	0.00	0.00	0.00
Ma	0.00	0.00	0.00	0.00
Mvu	0.00	0.00	0.00	0.00
Mvi	0.00	0.00	0.00	0.00
Mgku	0.00	0.00	0.00	0.00
Mgki	0.00	0.00	0.00	0.00
Fv	70000.00	63636.36	-350.00	-318.18
FkBv	0.00	0.00	0.00	0.00
FpBV	0.00	0.00	0.00	0.00
Fge	0.00	0.00	0.00	0.00
Fgk	0.00	0.00	0.00	0.00
A50	0.00	0.00	0.00	0.00
A36	0.00	0.00	0.00	0.00
A0	0.00	0.00	0.00	0.00
Steuerartenbelastung				
VST	0.00	0.00	14650.00	13318.18
GewKST	0.00	0.00	0.00	0.00
GewEST	0.00	0.00	0.00	0.00
KST	0.00	0.00	0.00	0.00
EST	0.00	0.00	3131.85	2847.14
ESTGrenzSatz	0.00	0.00	20.79	18.90

Dynamisierte Steuerträger und -artenanalyse für Modell: KapT1 GesTX GesTY
für P e r i o d e : 1 Diskontierungssatz 0.9091

Ausgabe für GesTY

Name	BemNom GesTY	BemDis	TeilST	DisTeST
Teilsteuerbelastung				
R	125000.00	113636.36	0.00	0.00
Me	0.00	0.00	0.00	0.00
Mk	0.00	0.00	0.00	0.00
L	50000.00	45454.55	11746.11	10678.28
A	0.00	0.00	0.00	0.00
Mge	0.00	0.00	0.00	0.00
Fe	0.00	0.00	0.00	0.00
Ft	0.00	0.00	0.00	0.00
Bu	2500000.00	2272727.27	12500.00	11363.64
Mbu	500000.00	454545.45	2500.00	2272.73
Bi	0.00	0.00	0.00	0.00
Mbi	0.00	0.00	0.00	0.00
Ma	0.00	0.00	0.00	0.00
Mvu	0.00	0.00	0.00	0.00
Mvi	0.00	0.00	0.00	0.00
Mgku	0.00	0.00	0.00	0.00
Mgki	0.00	0.00	0.00	0.00
Fv	70000.00	63636.36	-350.00	-318.18
FkBv	0.00	0.00	0.00	0.00
FpBV	0.00	0.00	0.00	0.00
Fge	0.00	0.00	0.00	0.00
Fgk	0.00	0.00	0.00	0.00
A50	0.00	0.00	0.00	0.00
A36	0.00	0.00	0.00	0.00
A0	0.00	0.00	0.00	0.00
Steuerartenbelastung				
VST	0.00	0.00	14650.00	13318.18
GewKST	0.00	0.00	0.00	0.00
GewEST	0.00	0.00	0.00	0.00
KST	0.00	0.00	0.00	0.00
EST	0.00	0.00	11746.11	10678.28
ESTGrenzSatz	0.00	0.00	30.25	27.50

Dynamisierte Steuerträger und -artenanalyse für Modell: KapT1 GesTX GesTY
für P e r i o d e : 2 Diskontierungssatz 0.8264

Ausgabe für KapT2

	BemNom	BemDis	TeilST	DisTeST
Name	KapT2			
Teilsteuerbelastung				
R	300000.00	247933.88	169565.22	140136.54
Me	0.00	0.00	0.00	0.00
Mk	0.00	0.00	0.00	0.00
L	70000.00	57851.24	-39565.22	-32698.53
A	0.00	0.00	0.00	0.00
Mge	0.00	0.00	0.00	0.00
Fe	0.00	0.00	0.00	0.00
Ft	0.00	0.00	0.00	0.00
Bu	5200000.00	4297520.66	36965.22	30549.77
Mbu	1000000.00	826446.28	7108.70	5874.96
Bi	0.00	0.00	0.00	0.00
Mbi	0.00	0.00	0.00	0.00
Ma	0.00	0.00	0.00	0.00
Mvu	0.00	0.00	0.00	0.00
Mvi	0.00	0.00	0.00	0.00
Mgku	0.00	0.00	0.00	0.00
Mgki	0.00	0.00	0.00	0.00
Fv	0.00	0.00	0.00	0.00
FkBv	125000.00	103305.79	-562.50	-464.88
FpBV	0.00	0.00	0.00	0.00
Fge	0.00	0.00	0.00	0.00
Fgk	120000.00	99173.55	-313.04	-258.71
A50	0.00	0.00	0.00	0.00
A36	0.00	0.00	0.00	0.00
A0	0.00	0.00	0.00	0.00
Steuerartenbelastung				
VST	0.00	0.00	27337.50	22592.98
GewKST	0.00	0.00	36480.00	30148.76
GewEST	0.00	0.00	25241.74	20860.94
KST	0.00	0.00	84139.13	69536.47
EST	0.00	0.00	0.00	0.00
ESTGrenzSatz	0.00	0.00	0.00	0.00

Dynamisierte Steuerträger und -artenanalyse für Modell: KapT1 GesTX GesTY
für P e r i o d e : 2 Diskontierungssatz 0.8264

Ausgabe für GesTX

Name	BemNom GesTX	BemDis	TeilST	DisTeST
Teilsteuerbelastung				
R	150000.00	123966.94	0.00	0.00
Me	0.00	0.00	0.00	0.00
Mk	0.00	0.00	0.00	0.00
L	20000.00	16528.93	3131.85	2588.31
A	0.00	0.00	0.00	0.00
Mge	0.00	0.00	0.00	0.00
Fe	0.00	0.00	0.00	0.00
Ft	0.00	0.00	0.00	0.00
Bu	2600000.00	2148760.33	13000.00	10743.80
Mbu	500000.00	413223.14	2500.00	2066.12
Bi	0.00	0.00	0.00	0.00
Mbi	0.00	0.00	0.00	0.00
Ma	0.00	0.00	0.00	0.00
Mvu	0.00	0.00	0.00	0.00
Mvi	0.00	0.00	0.00	0.00
Mgku	0.00	0.00	0.00	0.00
Mgki	0.00	0.00	0.00	0.00
Fv	70000.00	57851.24	-350.00	-289.26
FkBv	0.00	0.00	0.00	0.00
FpBV	0.00	0.00	0.00	0.00
Fge	0.00	0.00	0.00	0.00
Fgk	0.00	0.00	0.00	0.00
A50	0.00	0.00	0.00	0.00
A36	0.00	0.00	0.00	0.00
A0	0.00	0.00	0.00	0.00
Steuerartenbelastung				
VST	0.00	0.00	15150.00	12520.66
GewKST	0.00	0.00	0.00	0.00
GewEST	0.00	0.00	0.00	0.00
KST	0.00	0.00	0.00	0.00
EST	0.00	0.00	3131.85	2588.31
ESTGrenzSatz	0.00	0.00	20.79	17.18

Dynamisierte Steuerträger und -artenanalyse für Modell: KapT1 GesTX GesTY
für P e r i o d e : 2 Diskontierungssatz 0.8264

Ausgabe für GesTY

Name	BemNom GesTY	BemDis	TeilST	DisTeST
Teilsteuerbelastung				
R	150000.00	123966.94	0.00	0.00
Me	0.00	0.00	0.00	0.00
Mk	0.00	0.00	0.00	0.00
L	50000.00	41322.31	11746.11	9707.53
A	0.00	0.00	0.00	0.00
Mge	0.00	0.00	0.00	0.00
Fe	0.00	0.00	0.00	0.00
Ft	0.00	0.00	0.00	0.00
Bu	2600000.00	2148760.33	13000.00	10743.80
Mbu	500000.00	413223.14	2500.00	2066.12
Bi	0.00	0.00	0.00	0.00
Mbi	0.00	0.00	0.00	0.00
Ma	0.00	0.00	0.00	0.00
Mvu	0.00	0.00	0.00	0.00
Mvi	0.00	0.00	0.00	0.00
Mgku	0.00	0.00	0.00	0.00
Mgki	0.00	0.00	0.00	0.00
Fv	70000.00	57851.24	-350.00	-289.26
FkBv	0.00	0.00	0.00	0.00
FpBV	0.00	0.00	0.00	0.00
Fge	0.00	0.00	0.00	0.00
Fgk	0.00	0.00	0.00	0.00
A50	0.00	0.00	0.00	0.00
A36	0.00	0.00	0.00	0.00
A0	0.00	0.00	0.00	0.00
Steuerartenbelastung				
VST	0.00	0.00	15150.00	12520.66
GewKST	0.00	0.00	0.00	0.00
GewEST	0.00	0.00	0.00	0.00
KST	0.00	0.00	0.00	0.00
EST	0.00	0.00	11746.11	9707.53
ESTGrenzSatz	0.00	0.00	30.25	25.00

Dynamisierte Steuerträger und -artenanalyse für Modell: KapT1 GesTX GesTY
für P e r i o d e : 3 Diskontierungssatz 0.7513

Ausgabe für KapT3

Name	BemNom KapT3	BemDis	TeilST	DisTeST
Teilsteuerbelastung				
R	350000.00	262960.18	197826.09	148629.67
Me	0.00	0.00	0.00	0.00
Mk	0.00	0.00	0.00	0.00
L	70000.00	52592.04	-39565.22	-29725.93
A	0.00	0.00	0.00	0.00
Mge	0.00	0.00	0.00	0.00
Fe	0.00	0.00	0.00	0.00
Ft	0.00	0.00	0.00	0.00
Bu	5400000.00	4057099.92	38386.96	28840.69
Mbu	1000000.00	751314.80	7108.70	5340.87
Bi	0.00	0.00	0.00	0.00
Mbi	0.00	0.00	0.00	0.00
Ma	0.00	0.00	0.00	0.00
Mvu	0.00	0.00	0.00	0.00
Mvi	0.00	0.00	0.00	0.00
Mgku	0.00	0.00	0.00	0.00
Mgki	0.00	0.00	0.00	0.00
Fv	0.00	0.00	0.00	0.00
FkBv	125000.00	93914.35	-562.50	-422.61
FpBV	0.00	0.00	0.00	0.00
Fge	0.00	0.00	0.00	0.00
Fgk	120000.00	90157.78	-313.04	-235.19
A50	0.00	0.00	0.00	0.00
A36	0.00	0.00	0.00	0.00
A0	0.00	0.00	0.00	0.00
Steuerartenbelastung				
VST	0.00	0.00	28237.50	21215.25
GewKST	0.00	0.00	37680.00	28309.54
GewEST	0.00	0.00	31606.96	23746.77
KST	0.00	0.00	105356.52	79155.91
EST	0.00	0.00	0.00	0.00
ESTGrenzSatz	0.00	0.00	0.00	0.00

Dynamisierte Steuerträger und -artenanalyse für Modell: KapT1 GesTX GesTY
für P e r i o d e : 3 Diskontierungssatz 0.7513

Ausgabe für GesTX

Name	BemNom GesTX	BemDis	TeilST	DisTeST
Teilsteuerbelastung				
R	175000.00	131480.09	0.00	0.00
Me	0.00	0.00	0.00	0.00
Mk	0.00	0.00	0.00	0.00
L	20000.00	15026.30	3131.85	2353.01
A	0.00	0.00	0.00	0.00
Mge	0.00	0.00	0.00	0.00
Fe	0.00	0.00	0.00	0.00
Ft	0.00	0.00	0.00	0.00
Bu	2700000.00	2028549.96	13500.00	10142.75
Mbu	500000.00	375657.40	2500.00	1878.29
Bi	0.00	0.00	0.00	0.00
Mbi	0.00	0.00	0.00	0.00
Ma	0.00	0.00	0.00	0.00
Mvu	0.00	0.00	0.00	0.00
Mvi	0.00	0.00	0.00	0.00
Mgku	0.00	0.00	0.00	0.00
Mgki	0.00	0.00	0.00	0.00
Fv	70000.00	52592.04	-350.00	-262.96
FkBv	0.00	0.00	0.00	0.00
FpBV	0.00	0.00	0.00	0.00
Fge	0.00	0.00	0.00	0.00
Fgk	0.00	0.00	0.00	0.00
A50	0.00	0.00	0.00	0.00
A36	0.00	0.00	0.00	0.00
A0	0.00	0.00	0.00	0.00
Steuerartenbelastung				
VST	0.00	0.00	15650.00	11758.08
GewKST	0.00	0.00	0.00	0.00
GewEST	0.00	0.00	0.00	0.00
KST	0.00	0.00	0.00	0.00
EST	0.00	0.00	3131.85	2353.01
ESTGrenzSatz	0.00	0.00	20.79	15.62

Dynamisierte Steuerträger und -artenanalyse für Modell: KapT1 GesTX GesTY
für P e r i o d e : 3 Diskontierungssatz 0.7513

Ausgabe für GesTY

Name	BemNom GesTY	BemDis	TeilST	DisTeST
Teilsteuerbelastung				
R	175000.00	131480.09	0.00	0.00
Me	0.00	0.00	0.00	0.00
Mk	0.00	0.00	0.00	0.00
L	50000.00	37565.74	11746.11	8825.03
A	0.00	0.00	0.00	0.00
Mge	0.00	0.00	0.00	0.00
Fe	0.00	0.00	0.00	0.00
Ft	0.00	0.00	0.00	0.00
Bu	2700000.00	2028549.96	13500.00	10142.75
Mbu	500000.00	375657.40	2500.00	1878.29
Bi	0.00	0.00	0.00	0.00
Mbi	0.00	0.00	0.00	0.00
Ma	0.00	0.00	0.00	0.00
Mvu	0.00	0.00	0.00	0.00
Mvi	0.00	0.00	0.00	0.00
Mgku	0.00	0.00	0.00	0.00
Mgki	0.00	0.00	0.00	0.00
Fv	70000.00	52592.04	-350.00	-262.96
FkBv	0.00	0.00	0.00	0.00
FpBV	0.00	0.00	0.00	0.00
Fge	0.00	0.00	0.00	0.00
Fgk	0.00	0.00	0.00	0.00
A50	0.00	0.00	0.00	0.00
A36	0.00	0.00	0.00	0.00
A0	0.00	0.00	0.00	0.00
Steuerartenbelastung				
VST	0.00	0.00	15650.00	11758.08
GewKST	0.00	0.00	0.00	0.00
GewEST	0.00	0.00	0.00	0.00
KST	0.00	0.00	0.00	0.00
EST	0.00	0.00	11746.11	8825.03
ESTGrenzSatz	0.00	0.00	30.25	22.73

Dynamisierte Steuerträger und -artenanalyse für Modell: KapT1 GesTX GesTY
für P e r i o d e : 4 Diskontierungssatz 0.6830

Ausgabe für KapT4

	BemNom	BemDis	TeilST	DisTeST
Name	KapT4			
Teilsteuerbelastung				
R	400000.00	273205.38	226086.96	154420.43
Me	0.00	0.00	0.00	0.00
Mk	0.00	0.00	0.00	0.00
L	70000.00	47810.94	-39565.22	-27023.58
A	0.00	0.00	0.00	0.00
Mge	0.00	0.00	0.00	0.00
Fe	0.00	0.00	0.00	0.00
Ft	0.00	0.00	0.00	0.00
Bu	5600000.00	3824875.35	39808.70	27189.87
Mbu	1000000.00	683013.46	7108.70	4855.33
Bi	0.00	0.00	0.00	0.00
Mbi	0.00	0.00	0.00	0.00
Ma	0.00	0.00	0.00	0.00
Mvu	0.00	0.00	0.00	0.00
Mvi	0.00	0.00	0.00	0.00
Mgku	0.00	0.00	0.00	0.00
Mgki	0.00	0.00	0.00	0.00
Fv	0.00	0.00	0.00	0.00
FkBv	125000.00	85376.68	-562.50	-384.20
FpBV	0.00	0.00	0.00	0.00
Fge	0.00	0.00	0.00	0.00
Fgk	120000.00	81961.61	-313.04	-213.81
A50	0.00	0.00	0.00	0.00
A36	0.00	0.00	0.00	0.00
A0	0.00	0.00	0.00	0.00
Steuerartenbelastung				
VST	0.00	0.00	29137.50	19901.30
GewKST	0.00	0.00	38880.00	26555.56
GewEST	0.00	0.00	37972.17	25935.51
KST	0.00	0.00	126573.91	86451.69
EST	0.00	0.00	0.00	0.00
ESTGrenzSatz	0.00	0.00	0.00	0.00

Dynamisierte Steuerträger und -artenanalyse für Modell: KapT1 GesTX GesTY
für P e r i o d e : 4 Diskontierungssatz 0.6830

Ausgabe für GesTX

Name	BemNom GesTX	BemDis	TeilST	DisTeST
Teilsteuerbelastung				
R	200000.00	136602.69	0.00	0.00
Me	0.00	0.00	0.00	0.00
Mk	0.00	0.00	0.00	0.00
L	20000.00	13660.27	3131.85	2139.10
A	0.00	0.00	0.00	0.00
Mge	0.00	0.00	0.00	0.00
Fe	0.00	0.00	0.00	0.00
Ft	0.00	0.00	0.00	0.00
Bu	2800000.00	1912437.68	14000.00	9562.19
Mbu	500000.00	341506.73	2500.00	1707.53
Bi	0.00	0.00	0.00	0.00
Mbi	0.00	0.00	0.00	0.00
Ma	0.00	0.00	0.00	0.00
Mvu	0.00	0.00	0.00	0.00
Mvi	0.00	0.00	0.00	0.00
Mgku	0.00	0.00	0.00	0.00
Mgki	0.00	0.00	0.00	0.00
Fv	70000.00	47810.94	-350.00	-239.05
FkBv	0.00	0.00	0.00	0.00
FpBV	0.00	0.00	0.00	0.00
Fge	0.00	0.00	0.00	0.00
Fgk	0.00	0.00	0.00	0.00
A50	0.00	0.00	0.00	0.00
A36	0.00	0.00	0.00	0.00
A0	0.00	0.00	0.00	0.00
Steuerartenbelastung				
VST	0.00	0.00	16150.00	11030.67
GewKST	0.00	0.00	0.00	0.00
GewEST	0.00	0.00	0.00	0.00
KST	0.00	0.00	0.00	0.00
EST	0.00	0.00	3131.85	2139.10
ESTGrenzSatz	0.00	0.00	20.79	14.20

Dynamisierte Steuerträger und -artenanalyse für Modell: KapT1 GesTX GesTY
für P e r i o d e : 4 Diskontierungssatz 0.6830

Ausgabe für GesTY

Name	BemNom GesTY	BemDis	TeilST	DisTeST
Teilsteuerbelastung				
R	200000.00	136602.69	0.00	0.00
Me	0.00	0.00	0.00	0.00
Mk	0.00	0.00	0.00	0.00
L	50000.00	34150.67	11746.11	8022.75
A	0.00	0.00	0.00	0.00
Mge	0.00	0.00	0.00	0.00
Fe	0.00	0.00	0.00	0.00
Ft	0.00	0.00	0.00	0.00
Bu	2800000.00	1912437.68	14000.00	9562.19
Mbu	500000.00	341506.73	2500.00	1707.53
Bi	0.00	0.00	0.00	0.00
Mbi	0.00	0.00	0.00	0.00
Ma	0.00	0.00	0.00	0.00
Mvu	0.00	0.00	0.00	0.00
Mvi	0.00	0.00	0.00	0.00
Mgku	0.00	0.00	0.00	0.00
Mgki	0.00	0.00	0.00	0.00
Fv	70000.00	47810.94	-350.00	-239.05
FkBv	0.00	0.00	0.00	0.00
FpBV	0.00	0.00	0.00	0.00
Fge	0.00	0.00	0.00	0.00
Fgk	0.00	0.00	0.00	0.00
A50	0.00	0.00	0.00	0.00
A36	0.00	0.00	0.00	0.00
A0	0.00	0.00	0.00	0.00
Steuerartenbelastung				
VST	0.00	0.00	16150.00	11030.67
GewKST	0.00	0.00	0.00	0.00
GewEST	0.00	0.00	0.00	0.00
KST	0.00	0.00	0.00	0.00
EST	0.00	0.00	11746.11	8022.75
ESTGrenzSatz	0.00	0.00	30.25	20.66

Dynamisierte Steuerträger und -artenanalyse für Modell: KapT1 GesTX GesTY
für P e r i o d e : 5 Diskontierungssatz 0.6209

Ausgabe für KapT5

Name	BemNom KapT5	BemDis	TeilST	DisTeST
Teilsteuerbelastung				
R	450000.00	279414.60	254347.83	157929.99
Me	0.00	0.00	0.00	0.00
Mk	0.00	0.00	0.00	0.00
L	70000.00	43464.49	-39565.22	-24566.89
A	0.00	0.00	0.00	0.00
Mge	0.00	0.00	0.00	0.00
Fe	0.00	0.00	0.00	0.00
Ft	0.00	0.00	0.00	0.00
Bu	5800000.00	3601343.67	41230.43	25600.86
Mbu	1000000.00	620921.32	7108.70	4413.94
Bi	0.00	0.00	0.00	0.00
Mbi	0.00	0.00	0.00	0.00
Ma	0.00	0.00	0.00	0.00
Mvu	0.00	0.00	0.00	0.00
Mvi	0.00	0.00	0.00	0.00
Mgku	0.00	0.00	0.00	0.00
Mgki	0.00	0.00	0.00	0.00
Fv	0.00	0.00	0.00	0.00
FkBv	125000.00	77615.17	-562.50	-349.27
FpBV	0.00	0.00	0.00	0.00
Fge	0.00	0.00	0.00	0.00
Fgk	120000.00	74510.56	-313.04	-194.38
A50	0.00	0.00	0.00	0.00
A36	0.00	0.00	0.00	0.00
A0	0.00	0.00	0.00	0.00
Steuerartenbelastung				
VST	0.00	0.00	30037.50	18650.92
GewKST	0.00	0.00	40080.00	24886.53
GewEST	0.00	0.00	44337.39	27530.03
KST	0.00	0.00	147791.30	91766.77
EST	0.00	0.00	0.00	0.00
ESTGrenzSatz	0.00	0.00	0.00	0.00

```
Dynamisierte Steuerträger und -artenanalyse für Modell: KapT1 GesTX GesTY
 für  P e r i o d e : 5       Diskontierungssatz 0.6209

Ausgabe für  GesTX
```

	BemNom	BemDis	TeilST	DisTeST
Name	GesTX			
Teilsteuerbelastung				
R	225000.00	139707.30	0.00	0.00
Me	0.00	0.00	0.00	0.00
Mk	0.00	0.00	0.00	0.00
L	20000.00	12418.43	3131.85	1944.63
A	0.00	0.00	0.00	0.00
Mge	0.00	0.00	0.00	0.00
Fe	0.00	0.00	0.00	0.00
Ft	0.00	0.00	0.00	0.00
Bu	2900000.00	1800671.84	14500.00	9003.36
Mbu	500000.00	310460.66	2500.00	1552.30
Bi	0.00	0.00	0.00	0.00
Mbi	0.00	0.00	0.00	0.00
Ma	0.00	0.00	0.00	0.00
Mvu	0.00	0.00	0.00	0.00
Mvi	0.00	0.00	0.00	0.00
Mgku	0.00	0.00	0.00	0.00
Mgki	0.00	0.00	0.00	0.00
Fv	70000.00	43464.49	-350.00	-217.32
FkBv	0.00	0.00	0.00	0.00
FpBV	0.00	0.00	0.00	0.00
Fge	0.00	0.00	0.00	0.00
Fgk	0.00	0.00	0.00	0.00
A50	0.00	0.00	0.00	0.00
A36	0.00	0.00	0.00	0.00
A0	0.00	0.00	0.00	0.00
Steuerartenbelastung				
VST	0.00	0.00	16650.00	10338.34
GewKST	0.00	0.00	0.00	0.00
GewEST	0.00	0.00	0.00	0.00
KST	0.00	0.00	0.00	0.00
EST	0.00	0.00	3131.85	1944.63
ESTGrenzSatz	0.00	0.00	20.79	12.91

Dynamisierte Steuerträger und -artenanalyse für Modell: KapT1 GesTX GesTY
für P e r i o d e : 5 Diskontierungssatz 0.6209

Ausgabe für GesTY

Name	BemNom GesTY	BemDis	TeilST	DisTeST
Teilsteuerbelastung				
R	225000.00	139707.30	0.00	0.00
Me	0.00	0.00	0.00	0.00
Mk	0.00	0.00	0.00	0.00
L	50000.00	31046.07	11746.11	7293.41
A	0.00	0.00	0.00	0.00
Mge	0.00	0.00	0.00	0.00
Fe	0.00	0.00	0.00	0.00
Ft	0.00	0.00	0.00	0.00
Bu	2900000.00	1800671.84	14500.00	9003.36
Mbu	500000.00	310460.66	2500.00	1552.30
Bi	0.00	0.00	0.00	0.00
Mbi	0.00	0.00	0.00	0.00
Ma	0.00	0.00	0.00	0.00
Mvu	0.00	0.00	0.00	0.00
Mvi	0.00	0.00	0.00	0.00
Mgku	0.00	0.00	0.00	0.00
Mgki	0.00	0.00	0.00	0.00
Fv	70000.00	43464.49	-350.00	-217.32
FkBv	0.00	0.00	0.00	0.00
FpBV	0.00	0.00	0.00	0.00
Fge	0.00	0.00	0.00	0.00
Fgk	0.00	0.00	0.00	0.00
A50	0.00	0.00	0.00	0.00
A36	0.00	0.00	0.00	0.00
A0	0.00	0.00	0.00	0.00
Steuerartenbelastung				
VST	0.00	0.00	16650.00	10338.34
GewKST	0.00	0.00	0.00	0.00
GewEST	0.00	0.00	0.00	0.00
KST	0.00	0.00	0.00	0.00
EST	0.00	0.00	11746.11	7293.41
ESTGrenzSatz	0.00	0.00	30.25	18.78

- nominelle und diskontierte Steuerartenbelastung -
Modellteilnehmer :KapT1 GesTX GesTY

Gesamtübersicht von Periode 1 bis 5

	Nominell		Diskontiert	
Betriebliche Steuern				
Vermögensteuer Kap.ges :	141187.50		106394.55	
Gewerbekapitalsteuer :	188400.00		141973.12	
Gewerbeertragsteuer :	158034.78		115233.73	
Körperschaftsteuer :	526782.61		384112.42	
Gesamtsteuer Betrieb :		1014404.89		747713.82
Private Steuern				
Vermögensteuer nat.Pers:	156500.00		117931.85	
Körperschaftsteuer : - Rückerstattung	0.00		0.00	
Einkommen/Kirchensteuer :	74389.80		56399.18	
Gesamtsteuer Privat :		230889.80		174331.03
Summe der Steuern (Betrieb+Privat) :		1245294.69		922044.85

Modell: KapT1 GesTX GesTY
Dyn. kombinierte Steuerträger und Steuerartenanalyse
- Kumulation - bis Periode : 5

Name	Nominal Gesamt	Diskontiert	Nominal Betrieb	Dikontiert
Teilsteuerbelastung				
R	989130.43	729575.13	989130.43	729575.13
Me	0.00	0.00	0.00	0.00
Mk	0.00	0.00	0.00	0.00
L	-123436.28	-93584.13	-197826.09	-149983.30
A	0.00	0.00	0.00	0.00
Mge	0.00	0.00	0.00	0.00
Fe	0.00	0.00	0.00	0.00
Ft	0.00	0.00	0.00	0.00
Bu	326934.78	246124.91	191934.78	144493.44
Mbu	60543.48	45901.48	35543.48	26947.55
Bi	0.00	0.00	0.00	0.00
Mbi	0.00	0.00	0.00	0.00
Ma	0.00	0.00	0.00	0.00
Mvu	0.00	0.00	0.00	0.00
Mvi	0.00	0.00	0.00	0.00
Mgku	0.00	0.00	0.00	0.00
Mgki	0.00	0.00	0.00	0.00
Fv	-3500.00	-2653.55	0.00	0.00
FkBv	-2812.50	-2132.32	-2812.50	-2132.32
FpBV	0.00	0.00	0.00	0.00
Fge	0.00	0.00	0.00	0.00
Fgk	-1565.22	-1186.68	-1565.22	-1186.68
A50	0.00	0.00	0.00	0.00
A36	0.00	0.00	0.00	0.00
A0	0.00	0.00	0.00	0.00
Steuerartenbelastung				
VST	297687.50	224326.40	141187.50	106394.55
GewKST	188400.00	141973.12	188400.00	141973.12
GewEST	158034.78	115233.73	158034.78	115233.73
KST	526782.61	384112.42	526782.61	384112.42
EST	74389.80	56399.18	0.00	0.00
ESTGrenzSatz	0.00	0.00	0.00	0.00

Modell: KapT1 GesTX GesTY
Dyn. kombinierte Steuerträger und Steuerartenanalyse
- Kumulation - bis Periode : 5

Name	Nominal Privat	Diskontiert	Nominal KapT5	Dikontiert
Teilsteuerbelastung				
R	0.00	0.00	989130.43	729575.13
Me	0.00	0.00	0.00	0.00
Mk	0.00	0.00	0.00	0.00
L	74389.80	56399.18	-197826.09	-149983.30
A	0.00	0.00	0.00	0.00
Mge	0.00	0.00	0.00	0.00
Fe	0.00	0.00	0.00	0.00
Ft	0.00	0.00	0.00	0.00
Bu	135000.00	101631.47	191934.78	144493.44
Mbu	25000.00	18953.93	35543.48	26947.55
Bi	0.00	0.00	0.00	0.00
Mbi	0.00	0.00	0.00	0.00
Ma	0.00	0.00	0.00	0.00
Mvu	0.00	0.00	0.00	0.00
Mvi	0.00	0.00	0.00	0.00
Mgku	0.00	0.00	0.00	0.00
Mgki	0.00	0.00	0.00	0.00
Fv	-3500.00	-2653.55	0.00	0.00
FkBv	0.00	0.00	-2812.50	-2132.32
FpBV	0.00	0.00	0.00	0.00
Fge	0.00	0.00	0.00	0.00
Fgk	0.00	0.00	-1565.22	-1186.68
A50	0.00	0.00	0.00	0.00
A36	0.00	0.00	0.00	0.00
A0	0.00	0.00	0.00	0.00
Steuerartenbelastung				
VST	156500.00	117931.85	141187.50	106394.55
GewKST	0.00	0.00	188400.00	141973.12
GewEST	0.00	0.00	158034.78	115233.73
KST	0.00	0.00	526782.61	384112.42
EST	74389.80	56399.18	0.00	0.00
ESTGrenzSatz	0.00	0.00	0.00	0.00

Modell: KapT1 GesTX GesTY
Dyn. kombinierte Steuerträger und Steuerartenanalyse
- Kumulation - bis Periode : 5

Name	Nominal GesTX	Diskontiert	Nominal GesTY	Dikontiert
Teilsteuerbelastung				
R	0.00	0.00	0.00	0.00
Me	0.00	0.00	0.00	0.00
Mk	0.00	0.00	0.00	0.00
L	15659.25	11872.18	58730.55	44527.00
A	0.00	0.00	0.00	0.00
Mge	0.00	0.00	0.00	0.00
Fe	0.00	0.00	0.00	0.00
Ft	0.00	0.00	0.00	0.00
Bu	67500.00	50815.74	67500.00	50815.74
Mbu	12500.00	9476.97	12500.00	9476.97
Bi	0.00	0.00	0.00	0.00
Mbi	0.00	0.00	0.00	0.00
Ma	0.00	0.00	0.00	0.00
Mvu	0.00	0.00	0.00	0.00
Mvi	0.00	0.00	0.00	0.00
Mgku	0.00	0.00	0.00	0.00
Mgki	0.00	0.00	0.00	0.00
Fv	-1750.00	-1326.78	-1750.00	-1326.78
FkBv	0.00	0.00	0.00	0.00
FpBV	0.00	0.00	0.00	0.00
Fge	0.00	0.00	0.00	0.00
Fgk	0.00	0.00	0.00	0.00
A50	0.00	0.00	0.00	0.00
A36	0.00	0.00	0.00	0.00
A0	0.00	0.00	0.00	0.00
Steuerartenbelastung				
VST	78250.00	58965.93	78250.00	58965.93
GewKST	0.00	0.00	0.00	0.00
GewEST	0.00	0.00	0.00	0.00
KST	0.00	0.00	0.00	0.00
EST	15659.25	11872.18	58730.55	44527.00
ESTGrenzSatz	0.00	0.00	0.00	0.00

Modell: KapT1 GesTX GesTY
Dyn. Steuerträgeranalyse - Bemessungsgrundlagen
- Kumulation - bis Periode : 5

Name	Nominal Gesamt	Diskontiert	Nominal Betrieb	Dikontiert
Teilsteuerbelastung				
R	3500000.00	2581573.54	1750000.00	1290786.77
Me	0.00	0.00	0.00	0.00
Mk	0.00	0.00	0.00	0.00
L	700000.00	530710.15	350000.00	265355.07
A	0.00	0.00	0.00	0.00
Mge	0.00	0.00	0.00	0.00
Fe	0.00	0.00	0.00	0.00
Ft	0.00	0.00	0.00	0.00
Bu	54000000.00	40652588.31	27000000.00	20326294.16
Mbu	10000000.00	7581573.54	5000000.00	3790786.77
Bi	0.00	0.00	0.00	0.00
Mbi	0.00	0.00	0.00	0.00
Ma	0.00	0.00	0.00	0.00
Mvu	0.00	0.00	0.00	0.00
Mvi	0.00	0.00	0.00	0.00
Mgku	0.00	0.00	0.00	0.00
Mgki	0.00	0.00	0.00	0.00
Fv	700000.00	530710.15	0.00	0.00
FkBv	625000.00	473848.35	625000.00	473848.35
FpBV	0.00	0.00	0.00	0.00
Fge	0.00	0.00	0.00	0.00
Fgk	600000.00	454894.41	600000.00	454894.41
A50	0.00	0.00	0.00	0.00
A36	0.00	0.00	0.00	0.00
A0	0.00	0.00	0.00	0.00
Steuerartenbelastung				
VST	0.00	0.00	0.00	0.00
GewKST	0.00	0.00	0.00	0.00
GewEST	0.00	0.00	0.00	0.00
KST	0.00	0.00	0.00	0.00
EST	0.00	0.00	0.00	0.00
ESTGrenzSatz	0.00	0.00	0.00	0.00

Modell: KapT1 GesTX GesTY
Dyn. Steuerträgeranalyse - Bemessungsgrundlagen
- Kumulation - bis Periode : 5

Name	Nominal Privat	Diskontiert	Nominal KapT5	Dikontiert
Teilsteuerbelastung				
R	1750000.00	1290786.77	1750000.00	1290786.77
Me	0.00	0.00	0.00	0.00
Mk	0.00	0.00	0.00	0.00
L	350000.00	265355.07	350000.00	265355.07
A	0.00	0.00	0.00	0.00
Mge	0.00	0.00	0.00	0.00
Fe	0.00	0.00	0.00	0.00
Ft	0.00	0.00	0.00	0.00
Bu	27000000.00	20326294.16	27000000.00	20326294.16
Mbu	5000000.00	3790786.77	5000000.00	3790786.77
Bi	0.00	0.00	0.00	0.00
Mbi	0.00	0.00	0.00	0.00
Ma	0.00	0.00	0.00	0.00
Mvu	0.00	0.00	0.00	0.00
Mvi	0.00	0.00	0.00	0.00
Mgku	0.00	0.00	0.00	0.00
Mgki	0.00	0.00	0.00	0.00
Fv	700000.00	530710.15	0.00	0.00
FkBv	0.00	0.00	625000.00	473848.35
FpBV	0.00	0.00	0.00	0.00
Fge	0.00	0.00	0.00	0.00
Fgk	0.00	0.00	600000.00	454894.41
A50	0.00	0.00	0.00	0.00
A36	0.00	0.00	0.00	0.00
A0	0.00	0.00	0.00	0.00
Steuerartenbelastung				
VST	0.00	0.00	0.00	0.00
GewKST	0.00	0.00	0.00	0.00
GewEST	0.00	0.00	0.00	0.00
KST	0.00	0.00	0.00	0.00
EST	0.00	0.00	0.00	0.00
ESTGrenzSatz	0.00	0.00	0.00	0.00

Modell: KapT1 GesTX GesTY
Dyn. Steuerträgeranalyse - Bemessungsgrundlagen
- Kumulation - bis Periode : 5

Name	Nominal GesTX	Diskontiert	Nominal GesTY	Dikontiert
Teilsteuerbelastung				
R	875000.00	645393.38	875000.00	645393.38
Me	0.00	0.00	0.00	0.00
Mk	0.00	0.00	0.00	0.00
L	100000.00	75815.74	250000.00	189539.34
A	0.00	0.00	0.00	0.00
Mge	0.00	0.00	0.00	0.00
Fe	0.00	0.00	0.00	0.00
Ft	0.00	0.00	0.00	0.00
Bu	13500000.00	10163147.08	13500000.00	10163147.08
Mbu	2500000.00	1895393.38	2500000.00	1895393.38
Bi	0.00	0.00	0.00	0.00
Mbi	0.00	0.00	0.00	0.00
Ma	0.00	0.00	0.00	0.00
Mvu	0.00	0.00	0.00	0.00
Mvi	0.00	0.00	0.00	0.00
Mgku	0.00	0.00	0.00	0.00
Mgki	0.00	0.00	0.00	0.00
Fv	350000.00	265355.07	350000.00	265355.07
FkBv	0.00	0.00	0.00	0.00
FpBV	0.00	0.00	0.00	0.00
Fge	0.00	0.00	0.00	0.00
Fgk	0.00	0.00	0.00	0.00
A50	0.00	0.00	0.00	0.00
A36	0.00	0.00	0.00	0.00
A0	0.00	0.00	0.00	0.00
Steuerartenbelastung				
VST	0.00	0.00	0.00	0.00
GewKST	0.00	0.00	0.00	0.00
GewEST	0.00	0.00	0.00	0.00
KST	0.00	0.00	0.00	0.00
EST	0.00	0.00	0.00	0.00
ESTGrenzSatz	0.00	0.00	0.00	0.00

Anhang V

Ausschüttungspolitik

(Schütt-Aus-Hol-Zurück-Politik)

Modellteilnehmer:
KapA1, KapA2, KapA3, KapA4, KapA5
GesAx
GesAy

Tarifmodell:
Tarif

Auswertungen:

nominelle und diskontierte Steuerartenbelastung
dynamische kombinierte Steuerträger- und Steuerartenanalyse
dynamische Steuerträgeranalyse - Bemessungsgrundlagen
dynamische Steuerträger- und Steuerartenanalyse
dynamische Bemessungsgrundlagenanalyse

- nominelle und diskontierte Steuerartenbelastung -
Modellteilnehmer :KapA1 GesAX GesAY

Gesamtübersicht von Periode 1 bis 5

	Nominell		Diskontiert	
Betriebliche Steuern				
Vermögensteuer Kap.ges :	141187.50		106394.55	
Gewerbekapitalsteuer :	188400.00		141973.12	
Gewerbeertragsteuer :	158034.78		115233.73	
Körperschaftsteuer :	418815.98		306351.42	
Gesamtsteuer Betrieb :		906438.26		669952.81
Private Steuern				
Vermögensteuer nat.Pers:	156500.00		117931.85	
Körperschaftsteuer : - Rückerstattung	-277628.48		-199956.87	
Einkommen/Kirchensteuer :	407000.06		292857.10	
Gesamtsteuer Privat :		285871.58		210832.08
Summe der Steuern (Betrieb+Privat) :		1192309.85		880784.89

Modell: KapA1 GesAX GesAY
Dyn. kombinierte Steuerträger und Steuerartenanalyse
- Kumulation - bis Periode : 5

Name	Nominal Gesamt	Diskontiert	Nominal Betrieb	Dikontiert
Teilsteuerbelastung				
R	989130.43	729575.13	989130.43	729575.13
Me	0.00	0.00	0.00	0.00
Mk	0.00	0.00	0.00	0.00
L	-72576.80	-56775.92	-197826.09	-149983.30
A	4122.30	-307.16	0.00	0.00
Mge	0.00	0.00	0.00	0.00
Fe	0.00	0.00	0.00	0.00
Ft	0.00	0.00	0.00	0.00
Bu	326934.78	246124.91	191934.78	144493.44
Mbu	60543.48	45901.48	35543.48	26947.55
Bi	0.00	0.00	0.00	0.00
Mbi	0.00	0.00	0.00	0.00
Ma	0.00	0.00	0.00	0.00
Mvu	0.00	0.00	0.00	0.00
Mvi	0.00	0.00	0.00	0.00
Mgku	0.00	0.00	0.00	0.00
Mgki	0.00	0.00	0.00	0.00
Fv	-3500.00	-2653.55	0.00	0.00
FkBv	-2812.50	-2132.32	-2812.50	-2132.32
FpBV	0.00	0.00	0.00	0.00
Fge	0.00	0.00	0.00	0.00
Fgk	-1565.22	-1186.68	-1565.22	-1186.68
A50	-107966.63	-77761.01	-107966.63	-77761.01
A36	0.00	0.00	0.00	0.00
A0	0.00	0.00	0.00	0.00
Steuerartenbelastung				
VST	297687.50	224326.40	141187.50	106394.55
GewKST	188400.00	141973.12	188400.00	141973.12
GewEST	158034.78	115233.73	158034.78	115233.73
KST	141187.50	106394.55	418815.98	306351.42
EST	407000.06	292857.10	0.00	0.00
ESTGrenzSatz	0.00	0.00	0.00	0.00

Modell: KapA1 GesAX GesAY
Dyn. kombinierte Steuerträger und Steuerartenanalyse
- Kumulation - bis Periode : 5

Name	Nominal Privat	Diskontiert	Nominal KapA5	Dikontiert
Teilsteuerbelastung				
R	0.00	0.00	989130.43	729575.13
Me	0.00	0.00	0.00	0.00
Mk	0.00	0.00	0.00	0.00
L	125249.28	93207.38	-197826.09	-149983.30
A	4122.30	-307.16	0.00	0.00
Mge	0.00	0.00	0.00	0.00
Fe	0.00	0.00	0.00	0.00
Ft	0.00	0.00	0.00	0.00
Bu	135000.00	101631.47	191934.78	144493.44
Mbu	25000.00	18953.93	35543.48	26947.55
Bi	0.00	0.00	0.00	0.00
Mbi	0.00	0.00	0.00	0.00
Ma	0.00	0.00	0.00	0.00
Mvu	0.00	0.00	0.00	0.00
Mvi	0.00	0.00	0.00	0.00
Mgku	0.00	0.00	0.00	0.00
Mgki	0.00	0.00	0.00	0.00
Fv	-3500.00	-2653.55	0.00	0.00
FkBv	0.00	0.00	-2812.50	-2132.32
FpBV	0.00	0.00	0.00	0.00
Fge	0.00	0.00	0.00	0.00
Fgk	0.00	0.00	-1565.22	-1186.68
A50	0.00	0.00	-107966.63	-77761.01
A36	0.00	0.00	0.00	0.00
A0	0.00	0.00	0.00	0.00
Steuerartenbelastung				
VST	156500.00	117931.85	141187.50	106394.55
GewKST	0.00	0.00	188400.00	141973.12
GewEST	0.00	0.00	158034.78	115233.73
KST	-277628.48	-199956.87	418815.98	306351.42
EST	407000.06	292857.10	0.00	0.00
ESTGrenzSatz	0.00	0.00	0.00	0.00

Modell: KapAl GesAX GesAY
Dyn. kombinierte Steuerträger und Steuerartenanalyse
- Kumulation - bis Periode : 5

Name	Nominal GesAX	Diskontiert	Nominal GesAY	Dikontiert
Teilsteuerbelastung				
R	0.00	0.00	0.00	0.00
Me	0.00	0.00	0.00	0.00
Mk	0.00	0.00	0.00	0.00
L	32050.08	23759.36	93199.21	69448.02
A	-7588.22	-7258.58	11710.52	6951.43
Mge	0.00	0.00	0.00	0.00
Fe	0.00	0.00	0.00	0.00
Ft	0.00	0.00	0.00	0.00
Bu	67500.00	50815.74	67500.00	50815.74
Mbu	12500.00	9476.97	12500.00	9476.97
Bi	0.00	0.00	0.00	0.00
Mbi	0.00	0.00	0.00	0.00
Ma	0.00	0.00	0.00	0.00
Mvu	0.00	0.00	0.00	0.00
Mvi	0.00	0.00	0.00	0.00
Mgku	0.00	0.00	0.00	0.00
Mgki	0.00	0.00	0.00	0.00
Fv	-1750.00	-1326.78	-1750.00	-1326.78
FkBv	0.00	0.00	0.00	0.00
FpBV	0.00	0.00	0.00	0.00
Fge	0.00	0.00	0.00	0.00
Fgk	0.00	0.00	0.00	0.00
A50	0.00	0.00	0.00	0.00
A36	0.00	0.00	0.00	0.00
A0	0.00	0.00	0.00	0.00
Steuerartenbelastung				
VST	78250.00	58965.93	78250.00	58965.93
GewKST	0.00	0.00	0.00	0.00
GewEST	0.00	0.00	0.00	0.00
KST	-138814.24	-99978.44	-138814.24	-99978.44
EST	163276.09	116479.21	243723.97	176377.89
ESTGrenzSatz	0.00	0.00	0.00	0.00

Modell: KapA1 GesAX GesAY
Dyn. Steuerträgeranalyse - Bemessungsgrundlagen
- Kumulation - bis Periode : 5

Name	Nominal Gesamt	Diskontiert	Nominal Betrieb	Dikontiert
Teilsteuerbelastung				
R	3500000.00	2581573.54	1750000.00	1290786.77
Me	0.00	0.00	0.00	0.00
Mk	0.00	0.00	0.00	0.00
L	700000.00	530710.15	350000.00	265355.07
A	987123.48	710957.77	493561.74	355478.88
Mge	0.00	0.00	0.00	0.00
Fe	0.00	0.00	0.00	0.00
Ft	0.00	0.00	0.00	0.00
Bu	54000000.00	40652588.31	27000000.00	20326294.16
Mbu	10000000.00	7581573.54	5000000.00	3790786.77
Bi	0.00	0.00	0.00	0.00
Mbi	0.00	0.00	0.00	0.00
Ma	0.00	0.00	0.00	0.00
Mvu	0.00	0.00	0.00	0.00
Mvi	0.00	0.00	0.00	0.00
Mgku	0.00	0.00	0.00	0.00
Mgki	0.00	0.00	0.00	0.00
Fv	700000.00	530710.15	0.00	0.00
FkBv	625000.00	473848.35	625000.00	473848.35
FpBV	0.00	0.00	0.00	0.00
Fge	0.00	0.00	0.00	0.00
Fgk	600000.00	454894.41	600000.00	454894.41
A50	493561.74	355478.88	493561.74	355478.88
A36	0.00	0.00	0.00	0.00
A0	0.00	0.00	0.00	0.00
Steuerartenbelastung				
VST	0.00	0.00	0.00	0.00
GewKST	0.00	0.00	0.00	0.00
GewEST	0.00	0.00	0.00	0.00
KST	0.00	0.00	0.00	0.00
EST	0.00	0.00	0.00	0.00
ESTGrenzSatz	0.00	0.00	0.00	0.00

Modell: KapA1 GesAX GesAY
Dyn. Steuerträgeranalyse - Bemessungsgrundlagen
- Kumulation - bis Periode : 5

Name	Nominal Privat	Diskontiert	Nominal KapA5	Dikontiert
Teilsteuerbelastung				
R	1750000.00	1290786.77	1750000.00	1290786.77
Me	0.00	0.00	0.00	0.00
Mk	0.00	0.00	0.00	0.00
L	350000.00	265355.07	350000.00	265355.07
A	493561.74	355478.88	493561.74	355478.88
Mge	0.00	0.00	0.00	0.00
Fe	0.00	0.00	0.00	0.00
Ft	0.00	0.00	0.00	0.00
Bu	27000000.00	20326294.16	27000000.00	20326294.16
Mbu	5000000.00	3790786.77	5000000.00	3790786.77
Bi	0.00	0.00	0.00	0.00
Mbi	0.00	0.00	0.00	0.00
Ma	0.00	0.00	0.00	0.00
Mvu	0.00	0.00	0.00	0.00
Mvi	0.00	0.00	0.00	0.00
Mgku	0.00	0.00	0.00	0.00
Mgki	0.00	0.00	0.00	0.00
Fv	700000.00	530710.15	0.00	0.00
FkBv	0.00	0.00	625000.00	473848.35
FpBV	0.00	0.00	0.00	0.00
Fge	0.00	0.00	0.00	0.00
Fgk	0.00	0.00	600000.00	454894.41
A50	0.00	0.00	493561.74	355478.88
A36	0.00	0.00	0.00	0.00
A0	0.00	0.00	0.00	0.00
Steuerartenbelastung				
VST	0.00	0.00	0.00	0.00
GewKST	0.00	0.00	0.00	0.00
GewEST	0.00	0.00	0.00	0.00
KST	0.00	0.00	0.00	0.00
EST	0.00	0.00	0.00	0.00
ESTGrenzSatz	0.00	0.00	0.00	0.00

Modell: KapA1 GesAX GesAY
Dyn. Steuerträgeranalyse - Bemessungsgrundlagen
- Kumulation - bis Periode : 5

Name	Nominal GesAX	Diskontiert	Nominal GesAY	Dikontiert
Teilsteuerbelastung				
R	875000.00	645393.38	875000.00	645393.38
Me	0.00	0.00	0.00	0.00
Mk	0.00	0.00	0.00	0.00
L	100000.00	75815.74	250000.00	189539.34
A	246780.87	177739.44	246780.87	177739.44
Mge	0.00	0.00	0.00	0.00
Fe	0.00	0.00	0.00	0.00
Ft	0.00	0.00	0.00	0.00
Bu	13500000.00	10163147.08	13500000.00	10163147.08
Mbu	2500000.00	1895393.38	2500000.00	1895393.38
Bi	0.00	0.00	0.00	0.00
Mbi	0.00	0.00	0.00	0.00
Ma	0.00	0.00	0.00	0.00
Mvu	0.00	0.00	0.00	0.00
Mvi	0.00	0.00	0.00	0.00
Mgku	0.00	0.00	0.00	0.00
Mgki	0.00	0.00	0.00	0.00
Fv	350000.00	265355.07	350000.00	265355.07
FkBv	0.00	0.00	0.00	0.00
FpBV	0.00	0.00	0.00	0.00
Fge	0.00	0.00	0.00	0.00
Fgk	0.00	0.00	0.00	0.00
A50	0.00	0.00	0.00	0.00
A36	0.00	0.00	0.00	0.00
A0	0.00	0.00	0.00	0.00
Steuerartenbelastung				
VST	0.00	0.00	0.00	0.00
GewKST	0.00	0.00	0.00	0.00
GewEST	0.00	0.00	0.00	0.00
KST	0.00	0.00	0.00	0.00
EST	0.00	0.00	0.00	0.00
ESTGrenzSatz	0.00	0.00	0.00	0.00

Dyn. Steuerträger und Steuerartenanalyse
der einzelnen Perioden aufgeteilt in
Gesellschaft - einzelne Gesellschafter - Nominal - Diskontiert
Seite: 1

Perioden:	Summe	1	2	3	4	5
Diskontierungsfaktoren:		0.91	0.83	0.75	0.68	0.62
R :						
KapAlNom	989130.43	141304.35	169565.22	197826.09	226086.96	254347.83
Dis	729575.13	128458.50	140136.54	148629.67	154420.43	157929.99
GesAXNom	0.00	0.00	0.00	0.00	0.00	0.00
Dis	0.00	0.00	0.00	0.00	0.00	0.00
GesAYNom	0.00	0.00	0.00	0.00	0.00	0.00
Dis	0.00	0.00	0.00	0.00	0.00	0.00
Me						
KapAlNom	0.00	0.00	0.00	0.00	0.00	0.00
Dis	0.00	0.00	0.00	0.00	0.00	0.00
GesAXNom	0.00	0.00	0.00	0.00	0.00	0.00
Dis	0.00	0.00	0.00	0.00	0.00	0.00
GesAYNom	0.00	0.00	0.00	0.00	0.00	0.00
Dis	0.00	0.00	0.00	0.00	0.00	0.00
Mk						
KapAlNom	0.00	0.00	0.00	0.00	0.00	0.00
Dis	0.00	0.00	0.00	0.00	0.00	0.00
GesAXNom	0.00	0.00	0.00	0.00	0.00	0.00
Dis	0.00	0.00	0.00	0.00	0.00	0.00
GesAYNom	0.00	0.00	0.00	0.00	0.00	0.00
Dis	0.00	0.00	0.00	0.00	0.00	0.00
L						
KapAlNom	-197826.09	-39565.22	-39565.22	-39565.22	-39565.22	-39565.22
Dis	-149983.30	-35968.38	-32698.53	-29725.93	-27023.58	-24566.89
GesAXNom	32050.08	4949.09	5678.76	6362.12	7020.20	8039.91
Dis	23759.36	4499.17	4693.19	4779.96	4794.89	4992.15
GesAYNom	93199.21	15021.14	16695.51	19484.37	20582.88	21415.30
Dis	69448.02	13655.58	13797.95	14638.90	14058.39	13297.22
A						
KapAlNom	0.00	0.00	0.00	0.00	0.00	0.00
Dis	0.00	0.00	0.00	0.00	0.00	0.00
GesAXNom	-7588.22	-4106.14	-4320.44	-3230.82	-875.97	4945.15
Dis	-7258.58	-3732.86	-3570.61	-2427.36	-598.30	3070.55
GesAYNom	11710.52	-2173.63	-1481.94	2289.47	5033.34	8043.29
Dis	6951.43	-1976.03	-1224.74	1720.11	3437.84	4994.25

Seite: 2

Mge						
KapA1Nom	0.00	0.00	0.00	0.00	0.00	0.00
Dis	0.00	0.00	0.00	0.00	0.00	0.00
GesAXNom	0.00	0.00	0.00	0.00	0.00	0.00
Dis	0.00	0.00	0.00	0.00	0.00	0.00
GesAYNom	0.00	0.00	0.00	0.00	0.00	0.00
Dis	0.00	0.00	0.00	0.00	0.00	0.00
Fe						
KapA1Nom	0.00	0.00	0.00	0.00	0.00	0.00
Dis	0.00	0.00	0.00	0.00	0.00	0.00
GesAXNom	0.00	0.00	0.00	0.00	0.00	0.00
Dis	0.00	0.00	0.00	0.00	0.00	0.00
GesAYNom	0.00	0.00	0.00	0.00	0.00	0.00
Dis	0.00	0.00	0.00	0.00	0.00	0.00
Ft						
KapA1Nom	0.00	0.00	0.00	0.00	0.00	0.00
Dis	0.00	0.00	0.00	0.00	0.00	0.00
GesAXNom	0.00	0.00	0.00	0.00	0.00	0.00
Dis	0.00	0.00	0.00	0.00	0.00	0.00
GesAYNom	0.00	0.00	0.00	0.00	0.00	0.00
Dis	0.00	0.00	0.00	0.00	0.00	0.00
Bu						
KapA1Nom	191934.78	35543.48	36965.22	38386.96	39808.70	41230.43
Dis	144493.44	32312.25	30549.77	28840.69	27189.87	25600.86
GesAXNom	67500.00	12500.00	13000.00	13500.00	14000.00	14500.00
Dis	50815.74	11363.64	10743.80	10142.75	9562.19	9003.36
GesAYNom	67500.00	12500.00	13000.00	13500.00	14000.00	14500.00
Dis	50815.74	11363.64	10743.80	10142.75	9562.19	9003.36
Mbu						
KapA1Nom	35543.48	7108.70	7108.70	7108.70	7108.70	7108.70
Dis	26947.55	6462.45	5874.96	5340.87	4855.33	4413.94
GesAXNom	12500.00	2500.00	2500.00	2500.00	2500.00	2500.00
Dis	9476.97	2272.73	2066.12	1878.29	1707.53	1552.30
GesAYNom	12500.00	2500.00	2500.00	2500.00	2500.00	2500.00
Dis	9476.97	2272.73	2066.12	1878.29	1707.53	1552.30
Bi						
KapA1Nom	0.00	0.00	0.00	0.00	0.00	0.00
Dis	0.00	0.00	0.00	0.00	0.00	0.00
GesAXNom	0.00	0.00	0.00	0.00	0.00	0.00
Dis	0.00	0.00	0.00	0.00	0.00	0.00
GesAYNom	0.00	0.00	0.00	0.00	0.00	0.00
Dis	0.00	0.00	0.00	0.00	0.00	0.00

Seite: 3						
Mbi :						
KapA1Nom	0.00	0.00	0.00	0.00	0.00	0.00
Dis	0.00	0.00	0.00	0.00	0.00	0.00
GesAXNom	0.00	0.00	0.00	0.00	0.00	0.00
Dis	0.00	0.00	0.00	0.00	0.00	0.00
GesAYNom	0.00	0.00	0.00	0.00	0.00	0.00
Dis	0.00	0.00	0.00	0.00	0.00	0.00
Ma						
KapA1Nom	0.00	0.00	0.00	0.00	0.00	0.00
Dis	0.00	0.00	0.00	0.00	0.00	0.00
GesAXNom	0.00	0.00	0.00	0.00	0.00	0.00
Dis	0.00	0.00	0.00	0.00	0.00	0.00
GesAYNom	0.00	0.00	0.00	0.00	0.00	0.00
Dis	0.00	0.00	0.00	0.00	0.00	0.00
Mvu :						
KapA1Nom	0.00	0.00	0.00	0.00	0.00	0.00
Dis	0.00	0.00	0.00	0.00	0.00	0.00
GesAXNom	0.00	0.00	0.00	0.00	0.00	0.00
Dis	0.00	0.00	0.00	0.00	0.00	0.00
GesAYNom	0.00	0.00	0.00	0.00	0.00	0.00
Dis	0.00	0.00	0.00	0.00	0.00	0.00
Mvi :						
KapA1Nom	0.00	0.00	0.00	0.00	0.00	0.00
Dis	0.00	0.00	0.00	0.00	0.00	0.00
GesAXNom	0.00	0.00	0.00	0.00	0.00	0.00
Dis	0.00	0.00	0.00	0.00	0.00	0.00
GesAYNom	0.00	0.00	0.00	0.00	0.00	0.00
Dis	0.00	0.00	0.00	0.00	0.00	0.00
Mgku :						
KapA1Nom	0.00	0.00	0.00	0.00	0.00	0.00
Dis	0.00	0.00	0.00	0.00	0.00	0.00
GesAXNom	0.00	0.00	0.00	0.00	0.00	0.00
Dis	0.00	0.00	0.00	0.00	0.00	0.00
GesAYNom	0.00	0.00	0.00	0.00	0.00	0.00
Dis	0.00	0.00	0.00	0.00	0.00	0.00
Mgki :						
KapA1Nom	0.00	0.00	0.00	0.00	0.00	0.00
Dis	0.00	0.00	0.00	0.00	0.00	0.00
GesAXNom	0.00	0.00	0.00	0.00	0.00	0.00
Dis	0.00	0.00	0.00	0.00	0.00	0.00
GesAYNom	0.00	0.00	0.00	0.00	0.00	0.00
Dis	0.00	0.00	0.00	0.00	0.00	0.00

Seite: 4

Fv :						
KapA1Nom	0.00	0.00	0.00	0.00	0.00	0.00
Dis	0.00	0.00	0.00	0.00	0.00	0.00
GesAXNom	-1750.00	-350.00	-350.00	-350.00	-350.00	-350.00
Dis	-1326.78	-318.18	-289.26	-262.96	-239.05	-217.32
GesAYNom	-1750.00	-350.00	-350.00	-350.00	-350.00	-350.00
Dis	-1326.78	-318.18	-289.26	-262.96	-239.05	-217.32
FkBV :						
KapA1Nom	-2812.50	-562.50	-562.50	-562.50	-562.50	-562.50
Dis	-2132.32	-511.36	-464.88	-422.61	-384.20	-349.27
GesAXNom	0.00	0.00	0.00	0.00	0.00	0.00
Dis	0.00	0.00	0.00	0.00	0.00	0.00
GesAYNom	0.00	0.00	0.00	0.00	0.00	0.00
Dis	0.00	0.00	0.00	0.00	0.00	0.00
FpBV :						
KapA1Nom	0.00	0.00	0.00	0.00	0.00	0.00
Dis	0.00	0.00	0.00	0.00	0.00	0.00
GesAXNom	0.00	0.00	0.00	0.00	0.00	0.00
Dis	0.00	0.00	0.00	0.00	0.00	0.00
GesAYNom	0.00	0.00	0.00	0.00	0.00	0.00
Dis	0.00	0.00	0.00	0.00	0.00	0.00
Fge :						
KapA1Nom	0.00	0.00	0.00	0.00	0.00	0.00
Dis	0.00	0.00	0.00	0.00	0.00	0.00
GesAXNom	0.00	0.00	0.00	0.00	0.00	0.00
Dis	0.00	0.00	0.00	0.00	0.00	0.00
GesAYNom	0.00	0.00	0.00	0.00	0.00	0.00
Dis	0.00	0.00	0.00	0.00	0.00	0.00
Fgk :						
KapA1Nom	-1565.22	-313.04	-313.04	-313.04	-313.04	-313.04
Dis	-1186.68	-284.58	-258.71	-235.19	-213.81	-194.38
GesAXNom	0.00	0.00	0.00	0.00	0.00	0.00
Dis	0.00	0.00	0.00	0.00	0.00	0.00
GesAYNom	0.00	0.00	0.00	0.00	0.00	0.00
Dis	0.00	0.00	0.00	0.00	0.00	0.00
A50 :						
KapA1Ncm	-107966.63	-10215.59	-15904.46	-21593.33	-27282.20	-32971.07
Dis	-77761.01	-9286.90	-13144.18	-16223.39	-18634.11	-20472.44
GesAXNom	0.00	0.00	0.00	0.00	0.00	0.00
Dis	0.00	0.00	0.00	0.00	0.00	0.00
GesAYNom	0.00	0.00	0.00	0.00	0.00	0.00
Dis	0.00	0.00	0.00	0.00	0.00	0.00

Seite: 5

A36 :						
KapA1Nom	0.00	0.00	0.00	0.00	0.00	0.00
Dis	0.00	0.00	0.00	0.00	0.00	0.00
GesAXNom	0.00	0.00	0.00	0.00	0.00	0.00
Dis	0.00	0.00	0.00	0.00	0.00	0.00
GesAYNom	0.00	0.00	0.00	0.00	0.00	0.00
Dis	0.00	0.00	0.00	0.00	0.00	0.00
A0 :						
KapA1Nom	0.00	0.00	0.00	0.00	0.00	0.00
Dis	0.00	0.00	0.00	0.00	0.00	0.00
GesAXNom	0.00	0.00	0.00	0.00	0.00	0.00
Dis	0.00	0.00	0.00	0.00	0.00	0.00
GesAYNom	0.00	0.00	0.00	0.00	0.00	0.00
Dis	0.00	0.00	0.00	0.00	0.00	0.00
VST :						
KapA1Nom	141187.50	26437.50	27337.50	28237.50	29137.50	30037.50
Dis	106394.55	24034.09	22592.98	21215.25	19901.30	18650.92
GesAXNom	78250.00	14650.00	15150.00	15650.00	16150.00	16650.00
Dis	58965.93	13318.18	12520.66	11758.08	11030.67	10338.34
GesAYNom	78250.00	14650.00	15150.00	15650.00	16150.00	16650.00
Dis	58965.93	13318.18	12520.66	11758.08	11030.67	10338.34
GewKSt :						
KapA1Nom	188400.00	35280.00	36480.00	37680.00	38880.00	40080.00
Dis	141973.12	32072.73	30148.76	28309.54	26555.56	24886.53
GesAXNom	0.00	0.00	0.00	0.00	0.00	0.00
Dis	0.00	0.00	0.00	0.00	0.00	0.00
GesAYNom	0.00	0.00	0.00	0.00	0.00	0.00
Dis	0.00	0.00	0.00	0.00	0.00	0.00
GewEST :						
KapA1Nom	158034.78	18876.52	25241.74	31606.96	37972.17	44337.39
Dis	115233.73	17160.47	20860.94	23746.77	25935.51	27530.03
GesAXNom	0.00	0.00	0.00	0.00	0.00	0.00
Dis	0.00	0.00	0.00	0.00	0.00	0.00
GesAYNom	0.00	0.00	0.00	0.00	0.00	0.00
Dis	0.00	0.00	0.00	0.00	0.00	0.00
KST :						
KapA1Nom	418815.98	52706.15	68234.67	83763.20	99291.72	114820.24
Dis	306351.42	47914.68	56392.29	62932.53	67817.58	71294.33
GesAXNom	-138814.24	-13134.33	-20448.59	-27762.85	-35077.11	-42391.37
Dis	-99978.44	-11940.30	-16899.66	-20858.64	-23958.14	-26321.71
GesAYNom	-138814.24	-13134.33	-20448.59	-27762.85	-35077.11	-42391.37
Dis	-99978.44	-11940.30	-16899.66	-20858.64	-23958.14	-26321.71

Seite: 6

EST:						
KapA1Nom	0.00	0.00	0.00	0.00	0.00	0.00
Dis	0.00	0.00	0.00	0.00	0.00	0.00
GesAXNom	163276.09	13977.27	21806.91	30894.15	41221.33	55376.44
Dis	116479.21	12706.61	18022.24	23211.23	28154.72	34384.41
GesAYNom	243723.97	25981.83	35662.16	49536.69	60693.33	71849.96
Dis	176377.89	23619.85	29472.86	37217.65	41454.36	44613.17
ESTGrenzSatz:						
KapA1Nom	0.00	0.00	0.00	0.00	0.00	0.00
Dis	0.00	0.00	0.00	0.00	0.00	0.00
GesAXNom	0.00	32.27	38.53	44.71	50.80	54.91
Dis	0.00	29.34	31.85	33.59	34.69	34.10
GesAYNom	0.00	41.49	47.62	54.91	54.91	54.91
Dis	0.00	37.71	39.36	41.26	37.51	34.10

Dyn. Bemessungsgrundlagenanalyse
der einzelnen Perioden aufgeteilt in
Gesellschaft - einzelne Gesellschafter - Nominal - Diskontiert
Seite: 1

Perioden:	Summe	1	2	3	4	5
Diskontierungsfaktoren:		0.91	0.83	0.75	0.68	0.62
R :						
KapAlNom	1750000.00	250000.00	300000.00	350000.00	400000.00	450000.00
Dis	1290786.77	227272.73	247933.88	262960.18	273205.38	279414.60
GesAXNom	875000.00	125000.00	150000.00	175000.00	200000.00	225000.00
Dis	645393.38	113636.36	123966.94	131480.09	136602.69	139707.30
GesAYNom	875000.00	125000.00	150000.00	175000.00	200000.00	225000.00
Dis	645393.38	113636.36	123966.94	131480.09	136602.69	139707.30
Me						
KapAlNom	0.00	0.00	0.00	0.00	0.00	0.00
Dis	0.00	0.00	0.00	0.00	0.00	0.00
GesAXNom	0.00	0.00	0.00	0.00	0.00	0.00
Dis	0.00	0.00	0.00	0.00	0.00	0.00
GesAYNom	0.00	0.00	0.00	0.00	0.00	0.00
Dis	0.00	0.00	0.00	0.00	0.00	0.00
Mk						
KapAlNom	0.00	0.00	0.00	0.00	0.00	0.00
Dis	0.00	0.00	0.00	0.00	0.00	0.00
GesAXNom	0.00	0.00	0.00	0.00	0.00	0.00
Dis	0.00	0.00	0.00	0.00	0.00	0.00
GesAYNom	0.00	0.00	0.00	0.00	0.00	0.00
Dis	0.00	0.00	0.00	0.00	0.00	0.00
L						
KapAlNom	350000.00	70000.00	70000.00	70000.00	70000.00	70000.00
Dis	265355.07	63636.36	57851.24	52592.04	47810.94	43464.49
GesAXNom	100000.00	20000.00	20000.00	20000.00	20000.00	20000.00
Dis	75815.74	18181.82	16528.93	15026.30	13660.27	12418.43
GesAYNom	250000.00	50000.00	50000.00	50000.00	50000.00	50000.00
Dis	189539.34	45454.55	41322.31	37565.74	34150.67	31046.07
A						
KapAlNom	493561.74	46699.83	72706.09	98712.35	124718.61	150724.87
Dis	355478.88	42454.39	60087.68	74164.05	85184.49	93588.29
GesAXNom	246780.87	23349.91	36353.04	49356.17	62359.30	75362.43
Dis	177739.44	21227.19	30043.84	37082.02	42592.24	46794.14
GesAYNom	246780.87	23349.91	36353.04	49356.17	62359.30	75362.43
Dis	177739.44	21227.19	30043.84	37082.02	42592.24	46794.14

Seite: 2

Mge						
KapA1Nom	0.00	0.00	0.00	0.00	0.00	0.00
Dis	0.00	0.00	0.00	0.00	0.00	0.00
GesAXNom	0.00	0.00	0.00	0.00	0.00	0.00
Dis	0.00	0.00	0.00	0.00	0.00	0.00
GesAYNom	0.00	0.00	0.00	0.00	0.00	0.00
Dis	0.00	0.00	0.00	0.00	0.00	0.00
Fe						
KapA1Nom	0.00	0.00	0.00	0.00	0.00	0.00
Dis	0.00	0.00	0.00	0.00	0.00	0.00
GesAXNom	0.00	0.00	0.00	0.00	0.00	0.00
Dis	0.00	0.00	0.00	0.00	0.00	0.00
GesAYNom	0.00	0.00	0.00	0.00	0.00	0.00
Dis	0.00	0.00	0.00	0.00	0.00	0.00
Ft						
KapA1Nom	0.00	0.00	0.00	0.00	0.00	0.00
Dis	0.00	0.00	0.00	0.00	0.00	0.00
GesAXNom	0.00	0.00	0.00	0.00	0.00	0.00
Dis	0.00	0.00	0.00	0.00	0.00	0.00
GesAYNom	0.00	0.00	0.00	0.00	0.00	0.00
Dis	0.00	0.00	0.00	0.00	0.00	0.00
Bu						
KapA1Nom	27000000.00	5000000.00	5200000.00	5400000.00	5600000.00	5800000.00
Dis	20326294.16	4545454.55	4297520.66	4057099.92	3824875.35	3601343.67
GesAXNom	13500000.00	2500000.00	2600000.00	2700000.00	2800000.00	2900000.00
Dis	10163147.08	2272727.27	2148760.33	2028549.96	1912437.68	1800671.84
GesAYNom	13500000.00	2500000.00	2600000.00	2700000.00	2800000.00	2900000.00
Dis	10163147.08	2272727.27	2148760.33	2028549.96	1912437.68	1800671.84
Mbu						
KapA1Nom	5000000.00	1000000.00	1000000.00	1000000.00	1000000.00	1000000.00
Dis	3790786.77	909090.91	826446.28	751314.80	683013.46	620921.32
GesAXNom	2500000.00	500000.00	500000.00	500000.00	500000.00	500000.00
Dis	1895393.38	454545.45	413223.14	375657.40	341506.73	310460.66
GesAYNom	2500000.00	500000.00	500000.00	500000.00	500000.00	500000.00
Dis	1895393.38	454545.45	413223.14	375657.40	341506.73	310460.66
Bi						
KapA1Nom	0.00	0.00	0.00	0.00	0.00	0.00
Dis	0.00	0.00	0.00	0.00	0.00	0.00
GesAXNom	0.00	0.00	0.00	0.00	0.00	0.00
Dis	0.00	0.00	0.00	0.00	0.00	0.00
GesAYNom	0.00	0.00	0.00	0.00	0.00	0.00
Dis	0.00	0.00	0.00	0.00	0.00	0.00

Seite: 3

Mbi :						
KapA1Nom	0.00	0.00	0.00	0.00	0.00	0.00
Dis	0.00	0.00	0.00	0.00	0.00	0.00
GesAXNom	0.00	0.00	0.00	0.00	0.00	0.00
Dis	0.00	0.00	0.00	0.00	0.00	0.00
GesAYNom	0.00	0.00	0.00	0.00	0.00	0.00
Dis	0.00	0.00	0.00	0.00	0.00	0.00
Ma						
KapA1Nom	0.00	0.00	0.00	0.00	0.00	0.00
Dis	0.00	0.00	0.00	0.00	0.00	0.00
GesAXNom	0.00	0.00	0.00	0.00	0.00	0.00
Dis	0.00	0.00	0.00	0.00	0.00	0.00
GesAYNom	0.00	0.00	0.00	0.00	0.00	0.00
Dis	0.00	0.00	0.00	0.00	0.00	0.00
Mvu :						
KapA1Nom	0.00	0.00	0.00	0.00	0.00	0.00
Dis	0.00	0.00	0.00	0.00	0.00	0.00
GesAXNom	0.00	0.00	0.00	0.00	0.00	0.00
Dis	0.00	0.00	0.00	0.00	0.00	0.00
GesAYNom	0.00	0.00	0.00	0.00	0.00	0.00
Dis	0.00	0.00	0.00	0.00	0.00	0.00
Mvi :						
KapA1Nom	0.00	0.00	0.00	0.00	0.00	0.00
Dis	0.00	0.00	0.00	0.00	0.00	0.00
GesAXNom	0.00	0.00	0.00	0.00	0.00	0.00
Dis	0.00	0.00	0.00	0.00	0.00	0.00
GesAYNom	0.00	0.00	0.00	0.00	0.00	0.00
Dis	0.00	0.00	0.00	0.00	0.00	0.00
Mgku :						
KapA1Nom	0.00	0.00	0.00	0.00	0.00	0.00
Dis	0.00	0.00	0.00	0.00	0.00	0.00
GesAXNom	0.00	0.00	0.00	0.00	0.00	0.00
Dis	0.00	0.00	0.00	0.00	0.00	0.00
GesAYNom	0.00	0.00	0.00	0.00	0.00	0.00
Dis	0.00	0.00	0.00	0.00	0.00	0.00
Mgki :						
KapA1Nom	0.00	0.00	0.00	0.00	0.00	0.00
Dis	0.00	0.00	0.00	0.00	0.00	0.00
GesAXNom	0.00	0.00	0.00	0.00	0.00	0.00
Dis	0.00	0.00	0.00	0.00	0.00	0.00
GesAYNom	0.00	0.00	0.00	0.00	0.00	0.00
Dis	0.00	0.00	0.00	0.00	0.00	0.00

Seite: 4						
Fv :						
KapA1Nom	0.00	0.00	0.00	0.00	0.00	0.00
Dis	0.00	0.00	0.00	0.00	0.00	0.00
GesAXNom	350000.00	70000.00	70000.00	70000.00	70000.00	70000.00
Dis	265355.07	63636.36	57851.24	52592.04	47810.94	43464.49
GesAYNom	350000.00	70000.00	70000.00	70000.00	70000.00	70000.00
Dis	265355.07	63636.36	57851.24	52592.04	47810.94	43464.49
FkBV :						
KapA1Nom	625000.00	125000.00	125000.00	125000.00	125000.00	125000.00
Dis	473848.35	113636.36	103305.79	93914.35	85376.68	77615.17
GesAXNom	0.00	0.00	0.00	0.00	0.00	0.00
Dis	0.00	0.00	0.00	0.00	0.00	0.00
GesAYNom	0.00	0.00	0.00	0.00	0.00	0.00
Dis	0.00	0.00	0.00	0.00	0.00	0.00
FpBV :						
KapA1Nom	0.00	0.00	0.00	0.00	0.00	0.00
Dis	0.00	0.00	0.00	0.00	0.00	0.00
GesAXNom	0.00	0.00	0.00	0.00	0.00	0.00
Dis	0.00	0.00	0.00	0.00	0.00	0.00
GesAYNom	0.00	0.00	0.00	0.00	0.00	0.00
Dis	0.00	0.00	0.00	0.00	0.00	0.00
Fge :						
KapA1Nom	0.00	0.00	0.00	0.00	0.00	0.00
Dis	0.00	0.00	0.00	0.00	0.00	0.00
GesAXNom	0.00	0.00	0.00	0.00	0.00	0.00
Dis	0.00	0.00	0.00	0.00	0.00	0.00
GesAYNom	0.00	0.00	0.00	0.00	0.00	0.00
Dis	0.00	0.00	0.00	0.00	0.00	0.00
Fgk :						
KapA1Nom	600000.00	120000.00	120000.00	120000.00	120000.00	120000.00
Dis	454894.41	109090.91	99173.55	90157.78	81961.61	74510.56
GesAXNom	0.00	0.00	0.00	0.00	0.00	0.00
Dis	0.00	0.00	0.00	0.00	0.00	0.00
GesAYNom	0.00	0.00	0.00	0.00	0.00	0.00
Dis	0.00	0.00	0.00	0.00	0.00	0.00
A50 :						
KapA1Nom	493561.74	46699.83	72706.09	98712.35	124718.61	150724.87
Dis	355478.88	42454.39	60087.68	74164.05	85184.49	93588.29
GesAXNom	0.00	0.00	0.00	0.00	0.00	0.00
Dis	0.00	0.00	0.00	0.00	0.00	0.00
GesAYNom	0.00	0.00	0.00	0.00	0.00	0.00
Dis	0.00	0.00	0.00	0.00	0.00	0.00

```
Seite: 5
A36 :
KapA1Nom     0.00     0.00     0.00     0.00     0.00     0.00
     Dis     0.00     0.00     0.00     0.00     0.00     0.00
GesAXNom     0.00     0.00     0.00     0.00     0.00     0.00
     Dis     0.00     0.00     0.00     0.00     0.00     0.00
GesAYNom     0.00     0.00     0.00     0.00     0.00     0.00
     Dis     0.00     0.00     0.00     0.00     0.00     0.00
A0 :
KapA1Nom     0.00     0.00     0.00     0.00     0.00     0.00
     Dis     0.00     0.00     0.00     0.00     0.00     0.00
GesAXNom     0.00     0.00     0.00     0.00     0.00     0.00
     Dis     0.00     0.00     0.00     0.00     0.00     0.00
GesAYNom     0.00     0.00     0.00     0.00     0.00     0.00
     Dis     0.00     0.00     0.00     0.00     0.00     0.00
VST :
KapA1Nom     0.00     0.00     0.00     0.00     0.00     0.00
     Dis     0.00     0.00     0.00     0.00     0.00     0.00
GesAXNom     0.00     0.00     0.00     0.00     0.00     0.00
     Dis     0.00     0.00     0.00     0.00     0.00     0.00
GesAYNom     0.00     0.00     0.00     0.00     0.00     0.00
     Dis     0.00     0.00     0.00     0.00     0.00     0.00
GewKSt :
KapA1Nom     0.00     0.00     0.00     0.00     0.00     0.00
     Dis     0.00     0.00     0.00     0.00     0.00     0.00
GesAXNom     0.00     0.00     0.00     0.00     0.00     0.00
     Dis     0.00     0.00     0.00     0.00     0.00     0.00
GesAYNom     0.00     0.00     0.00     0.00     0.00     0.00
     Dis     0.00     0.00     0.00     0.00     0.00     0.00
GewEST :
KapA1Nom     0.00     0.00     0.00     0.00     0.00     0.00
     Dis     0.00     0.00     0.00     0.00     0.00     0.00
GesAXNom     0.00     0.00     0.00     0.00     0.00     0.00
     Dis     0.00     0.00     0.00     0.00     0.00     0.00
GesAYNom     0.00     0.00     0.00     0.00     0.00     0.00
     Dis     0.00     0.00     0.00     0.00     0.00     0.00
KST :
KapA1Nom     0.00     0.00     0.00     0.00     0.00     0.00
     Dis     0.00     0.00     0.00     0.00     0.00     0.00
GesAXNom     0.00     0.00     0.00     0.00     0.00     0.00
     Dis     0.00     0.00     0.00     0.00     0.00     0.00
GesAYNom     0.00     0.00     0.00     0.00     0.00     0.00
     Dis     0.00     0.00     0.00     0.00     0.00     0.00
```

Seite: 6						
EST:						
KapAlNom	0.00	0.00	0.00	0.00	0.00	0.00
Dis	0.00	0.00	0.00	0.00	0.00	0.00
GesAXNom	0.00	0.00	0.00	0.00	0.00	0.00
Dis	0.00	0.00	0.00	0.00	0.00	0.00
GesAYNom	0.00	0.00	0.00	0.00	0.00	0.00
Dis	0.00	0.00	0.00	0.00	0.00	0.00
ESTGrenzSatz:						
KapAlNom	0.00	0.00	0.00	0.00	0.00	0.00
Dis	0.00	0.00	0.00	0.00	0.00	0.00
GesAXNom	0.00	0.00	0.00	0.00	0.00	0.00
Dis	0.00	0.00	0.00	0.00	0.00	0.00
GesAYNom	0.00	0.00	0.00	0.00	0.00	0.00
Dis	0.00	0.00	0.00	0.00	0.00	0.00

Anhang VI

Auswirkung von Steuerrechtsänderungen

Modellteilnehmer:
KGmbH88
GesAk88
GesBk88

Tarifmodell:
Tarif88

Auswertungen:

Kombinierte Steuerarten- und Steuerträgerrechnung
Steuerartenbelastungen
Steuerträgeranalyse
Steuertarife
Steuerartenkompenten der Teilsteuerfaktoren

Kombinierte Steuerarten- und Steuerträgeranalyse für kGmbH

	BMGL	VST	GewKST	GewEST	KST	TeilST
R	610000.00			79565.22	297043.48	376608.70
Me						
Mk						
L	110000.00			-14347.83	-53565.22	-67913.04
A	219671.37					
Mge	5000.00			652.17	-365.22	286.96
Fe						
Ft						
Bu	5000000.00	22500.00	30000.00	-3913.04	-14608.70	33978.26
Mbu	1000000.00	4500.00	6000.00	-782.61	-2921.74	6795.65
Bi	100000.00					
Mbi						
Ma	500000.00					
Mvu						
Mvi						
Mgku	25000.00		150.00	-19.57	-73.04	57.39
Mgki						
Fv						
FkBv	125000.00	-562.50				-562.50
FpBV	-1.00					
Fge	-1.00					
Fgk	120000.00		-720.00	93.91	350.61	-275.48
A50	219671.37				-68647.30	-68647.30
A36						
A0						
StArtenBel	0.00	26437.50	35430.00	61248.26	157212.87	280328.63

Kombinierte Steuerarten- und Steuerträgeranalyse für GesAk88
Eink/KirchSTSatz Durch.: 50.44 Grenzst.: 57.89 zuverst.Eink.:261469.31

	BMGL	VST		KST-Anr.	EinkST	TeilST
R						
Me						
Mk						
L	100000.00				50442.40	50442.40
A	109835.68			-61782.57	86568.36	24785.79
Mge	2500.00					
Fe						
Ft						
Bu	2500000.00	12500.00				12500.00
Mbu	500000.00	2500.00				2500.00
Bi						
Mbi						
Ma	250000.00	1250.00				1250.00
Mvu						
Mvi						
Mgku	12500.00					
Mgki						
Fv	70000.00	-350.00				-350.00
FkBv	-1.00					
FpBV	-1.00					
Fge	-1.00					
Fgk	-1.00					
A50						
A36						
A0						
StArtenBel	0.00	15900.00	0.00	-61782.57	137010.76	91128.19

Kombinierte Steuerarten- und Steuerträgeranalyse für GesBk88
Eink/KirchSTSatz Durch.: 46.93 Grenzst.: 58.11 zuverst.Eink.:174579.92

	BMGL	VST		KST-Anr.	EinkST	TeilST
R						
Me						
Mk						
L	10000.00				4693.48	4693.48
A	109835.68			-61782.57	80548.62	18766.04
Mge	2500.00					
Fe						
Ft						
Bu	2500000.00	12500.00				12500.00
Mbu	500000.00	2500.00				2500.00
Bi	100000.00	500.00				500.00
Mbi						
Ma	250000.00	1250.00				1250.00
Mvu						
Mvi						
Mgku	12500.00					
Mgki						
Fv	70000.00	-350.00				-350.00
FkBv	-1.00					
FpBV	-1.00					
Fge	-1.00					
Fgk	-1.00					
A50						
A36						
A0						
StArtenBel	0.00	16400.00	0.00	-61782.57	85242.09	39859.52

Modellteilnehmer : kGmbH GesAk88 GesBk88

Gesamtübersicht Steuerartenbelastung

Betriebliche Steuern

Vermögensteuer Kap.ges	:	26437.50	
Gewerbekapitalsteuer	:	35430.00	
Gewerbeertragsteuer	:	61248.26	
Körperschaftsteuer	:	157212.87	
Gesamtsteuer Betrieb	:		280328.63

Private Steuern

Vermögensteuer nat.Pers	:	32300.00	
Körperschaftsteuer-Rückerstattung	:	-123565.14	
Einkommen/Kirchensteuer	:	222252.85	
Gesamtsteuer Privat	:		130987.71
Summe der Steuern (Betrieb + Privat)	:		411316.34

Steuerträgeranalyse für Modellteilnehmer :kGmbH GesAk88 GesBk88

BMGL	Betriebl.	Privat	Summe	Teilsteuer
R	376608.70		376608.70	
Me				
Mk				
L	-67913.04	55135.87	-12777.17	
A		43551.83	43551.83	
Mge	286.96		286.96	
Fe				
Ft				
Bu	33978.26	25000.00	58978.26	
Mbu	6795.65	5000.00	11795.65	
Bi		500.00	500.00	
Mbi				
Ma		2500.00	2500.00	
Mvu				
Mvi				
Mgku	57.39		57.39	
Mgki				
Fv		-700.00	-700.00	
FkBv	-562.50		-562.50	
FpBV				
Fge				
Fgk	-275.48		-275.48	
A50	-68647.30		-68647.30	
A36				
A0				
StArtenBel	280328.63	130987.71	411316.34	

```
Modellteilnehmer : kGmbH  GesAk88  GesBk88
Tarifmodell : Tarif88

 S T E U E R S Ä T Z E   I N   PROZENT

Vermögensteuer Kaptialgesellschaft      :  0.60
Vermögensteuer natürliche Personen      :  0.50
 Achtung : Vermögensteuer in Grenzbetrachtungsdarstellung


Gewerbeertragsteuersatz                 : 13.04
Gewerbekapitalsteuersatz                :  0.60


KörperschaftSTsatz - Tarifbelastung     : 56.00
KörperschaftSTsatz - Ausschüttungsbel.  : 56.25


Einkommen/Kirch-STsatz (allgemein)      : 57.89

 Einkommen / KirchenSTsätze für einzelne Gesellschafter
Name   Eink/KirchST % Satz (Durch)      (Grenz) zu verst. Einkommen
Modellteil : GesAk88       50.44        57.89   261469.31
Modellteil : GesBk88       46.93        58.11   174579.92
```

Steuerartenkomponenten der Teilsteuerfaktoren (in Prozent) für : kGmbH

	BMGL	VST	GewKST	GewEST	KST	TeilST
R	100.00			13.04	48.70	61.74
Me						
Mk						
L	100.00			-13.04	-48.70	-61.74
A	100.00					
Mge	100.00			13.04	-7.30	5.74
Fe						
Ft						
Bu	100.00	0.45	0.60	-0.08	-0.29	0.68
Mbu	100.00	0.45	0.60	-0.08	-0.29	0.68
Bi	100.00					
Mbi						
Ma	100.00					
Mvu						
Mvi						
Mgku	100.00		0.60	-0.08	-0.29	0.23
Mgki						
Fv						
FkBv	100.00	-0.45				-0.45
FpBV	100.00					
Fge	100.00					
Fgk	100.00		-0.60	0.08	0.29	-0.23
A50	100.00				-31.25	-31.25
A36						
A0						

Steuerartenkomponenten der Teilsteuerfaktoren (in Prozent) für : GesAk88
Eink/KirchSTSatz Durchs.: 50.44 Grenzs.: 57.89 zuverst. Eink. 261469.31

	BMGL	VST	KST-Anr.	EinkST	TeilST
R					
Me					
Mk					
L	100.00			50.44	50.44
A	100.00		-56.25	78.82	22.57
Mge	100.00				
Fe					
Ft					
Bu	100.00	0.50			0.50
Mbu	100.00	0.50			0.50
Bi					
Mbi					
Ma	100.00	0.50			0.50
Mvu					
Mvi					
Mgku	100.00				
Mgki					
Fv	100.00	-0.50			-0.50
FkBv	100.00				
FpBV	100.00				
Fge	100.00				
Fgk	100.00				
A50					
A36					
A0					

Steuerartenkomponenten der Teilsteuerfaktoren (in Prozent) für : GesBk88
Eink/KirchSTSatz Durchs.: 46.93 Grenzs.: 58.11 zuverst. Eink. 174579.92

	BMGL	VST	KST-Anr.	EinkST	TeilST
R					
Me					
Mk					
L	100.00			46.93	46.93
A	100.00		-56.25	73.34	17.09
Mge	100.00				
Fe					
Ft					
Bu	100.00	0.50			0.50
Mbu	100.00	0.50			0.50
Bi	100.00	0.50			0.50
Mbi					
Ma	100.00	0.50			0.50
Mvu					
Mvi					
Mgku	100.00				
Mgki					
Fv	100.00	-0.50			-0.50
FkBv	100.00				
FpBV	100.00				
Fge	100.00				
Fgk	100.00				
A50					
A36					
A0					

Sachregister

www.ingramcontent.com/pod-product-compliance
Lightning Source LLC
LaVergne TN
LVHW042242300926
849161LV00003B/441